Architecture in the Age of Artificial Intelligence

인공지능 시대의 건축

주제와 변주

Architecture in the Age of Artificial Intelligence

인공지능 시대의 건축

주
제
와

변
주

김성아 지음

씨
아이
알

이 책이 나오기까지, 동기를 주신 분, 영감을 주신 분,

기다려 주신 모든 분께 깊은 감사를 드립니다.

Fashion changes, but style endures.

- Gabrielle "Coco" Chanel

부자가 아닌 보통 사람이 명품 가방이나 옷을 장만하려면 수십 년 넘게 꾸준히 존속하는 클래식을 선택해야 한다는 것이 정설이다. 이런 아이코닉한 상품들은 계속 가격이 오르며 중고시장에서도 제 가치를 인정받는다. 새로운 디자인의 유행 아이템은 다음 해부터는 단종될 가능성이 상대적으로 높고 중고가격도 형편없다. 나심 탈레브 Nassim Nicholas Taleb [안티프래질의 저자. 수학 및 통계, 위기관리 전문가. 수필가]의 지적처럼 나온 지 1년 된 기술은 1년 안에, 10년 된 기술은 10년 안에 없어질 가능성이 농후하며 수천 년이 지난 기술은 앞으로도 수천 년 존속할 가능성이 크다. 50년 전만 하더라도 종이책이 사라질 것이라 했고 과학자들의 예견에 의하면 우리는 지금쯤 거창한 식사를 알약으로 대신해야겠지만 실상은 그렇지 않다.[1] 명품에 대

Fig. 1 샤넬의 다이아몬드 패턴 퀼팅. 이미지 출처: Shutterstock

한 욕망은 종교적으로 되었으며 낭만적 일상에 대한 환상은 모든 편리함에 우선한다. 케빈 켈리 Kevin Kelly [Wired Magazine의 설립자이자 편집자의 지적처럼 '기술은 궁극적으로 쓸모없는 아름다운 것이 되고자 하기'[2] 때문이다.

기술적 혁신은 새로움에 대한 감탄을 넘어 편리함에 대한 감사의 대상이 되어야 문화적 가치를 지니겠지만 그저 기술이 아닌 욕망의 대상이 될 때 영속할 수 있다. 샤넬의 다이아몬드 패턴 퀼팅이 가죽에 내구성과 유연함을 동시에 충족하기 위해 창안된 기술이었지만, 아무도 그런 유용성에는 감동하지 않는다. 모두가 열광하는 스타일이 되었을 뿐이다. 아디다스의 3선 로고나 나이키의 스우시 Swoosh 로고도 유사한 발생학적 계보를 가진다. 건축에서도 구조적, 기능적 기술혁신은 결국 도상화의 과정을 거쳐 양식으로 존속하는 것만이 영원한 생명력을 가진다.

기술적 혁신 없이 말장난으로 포장된 유희는 조만간 키치로 전락

한다. 건축에서 꿈이니 시詩, 메타포어 Metaphor 니 미학이니 하는 속 빈 강정 같은 이야기는 생명력 짧은 일부 명품 라인처럼 이내 가치를 잃게 마련이다. 건축학과 설계 스튜디오에서 기술의 본성과 상품성에 대한 종합적인 수업이 제공되어야 하는 이유가 여기에 있다. 도면 작성이나 조형 연습, 공허한 작가론 강독에만 시간을 쓰기에는 새롭게 배워야 할 것이 너무 많다. 전문 건축인은 1, 2년 이내에 사라질 신종 기술 나부랭이 꿰맞추기가 아닌 기술의 숙명을 읽는 통찰력을 키워야 한다. 기술을 그저 환경에 덧대는 것이 아니라 공간 환경을 욕망의 대상으로 만드는 특별한 장인의 능력을 갖춰야 한다.

건축 분야에서 이러한 기술을 총체적으로 "디지털 설계 도구"라

Fig. 2 미켈란젤로, 시스티나 성당의 천장화. 천지창조.

Fig. 3 미켈란젤로의 초상.

부르고자 한다. 이 책에서 설계는 문맥에 따라 구체적인 건축 설계 행위를 지칭할 수도 있지만, 때로는 건축의 생산과 유통에 사용되는 디지털 기술 전반을 지칭하기도 한다. 그리고 이를 바라보는 관점은 "도구"로서의 기술이다. 디지털 설계 도구의 미덕은 설계자의 망치나 끌과 같은 도구에서 느껴지는 손맛이 아니라 가상 건물을 구축해가는 과정에서 무수한 아이디어와 표현물의 네트워크를 넘나들 수 있는 역동성과 유연성에 있다. 의사결정 과정에 객관적 정당성을 부여하고 설계 가능성의 범위를 확장하면서 동시에 선택의 범위를 좁힐수 있는 것은 디지털 기술의 혜택이다. 그러한 과정에서 전통 장인의 멘털 트윈, 혹은 마스터 모델에 해당하는 가상 건물 Virtual Building 이 만들어진다. 디지털 건축 설계 기술의 지향점은 장인의 손끝이 아니라 가상 건물의 구축법에 있는 것이다. 전통 장인의 암묵지는 점차 머신러닝이 대체할 수 있고, 알고리즘이 설계안을 찾아내는 인공지능의 세상에서도 건축가가 먼저 고민하고, 기계에 던져줄 수 있는 숙제는 아직 많이 존재한다.

미켈란젤로 Michelangelo Daniele da Volterra 는 시스티나 성당의 천장화, 천지창조를 그리는 긴 세월 동안 밤낮으로 비계를 올라타고 밧줄에 매달려 초인적인 작업을 했다. 떨어지는 프레스코 염료로 얼굴과 눈은 엉망이 되었으며 온갖 관절염과 목디스크를 앓았다. 동 시기에 라파엘로 Raffaello Sanzio da Urbino 는 다른 프로젝트 아테네 학당 를 진행하면서 미켈란젤로와 경쟁 한편으론 경외 하였는데 그의 작업 프로세스는 조수들을 체계적으로 활용한 코디네이터에 가까웠다. 미켈란젤로는 상상을 초월하는 고행을 통해 신을 영접했고 라파엘로는 조수들과 스타벅스를 즐기면서 조직 관리를 통해 명예와 부를 얻었다. 현대 미술

Fig. 4 **라파엘로의 아테네 학당.**

Fig. 5 라파엘로의 자화상. 23세 무렵 추정.

계에서 가장 고가에 팔리는 데미안 허스트Damien Hirst[영국의 미술가]
의 작업 과정을 보면 더욱더 가관이다. 그는 작품을 만드는 과정에
육체적으로 거의 참여하지 않는다. 그의 조수들이 벌이는 작업은 얼
핏 보면 그저 장난 같고 진지함이라곤 없는 것 같다. 그렇다고 허스
트가 사기꾼일까?

　　미켈란젤로가 대장간 주인이라면, 라파엘로나 근대의 루벤스Peter
Paul Rubens 같은 예술가는 조직의 보스에 가까웠다. 데미안 허스트는
해커라고 할 수 있다. 작고한 자하 하디드Zaha Hadid 의 건축 설계에서
그가 직접 도면을 그려 설계한다고 믿는 이는 없을 것이다. 대부분
설계가 그렇다. 근본적인 차이는 누군가의 표현처럼 보스가 옐로우

트레이싱 페이퍼에 떨림 스케치로 '아트'를 던져주느냐? 아니면 보스의 디자인 전략이 회사의 디지털 워크플로우 Workflow 로 구축되어있느냐의 문제이다. 이러한 것은 결국 디지털 건축가의 역할을 하게 되고 건축가는 프로세스의 코디네이터 혹은 큐레이터 Curator 의 역할을 하게 되는 것이다.

우리의 설계 교육은 여전히 박제화된 완벽주의와 거짓 신화 속의 대가들을 지향하는 경향이 있다. 가우디 Gaudi 의 작품을 경외하지만, 가우디처럼 죽고 싶은 이는 없다. 예술을 지향한다는 건축가란 분이 임금을 체불하다 설계 회사를 우습게 말아먹고, 짓다 만 것 같은 이상한 건축물을 가지고 발주처를 핑계 대며 궤변을 늘어놓는 전근대적 예술지향 건축은 설 자리가 없다. 지금은 4차 산업혁명 시대이다. 완벽주의자, 예술가로서의 건축가라는 직업 모델은 다학제적 전략가 Multi-Disciplinary Strategist 의 모델로 바뀌어야 한다. 건축 설계 교육은 이러한 시대적 요구에 부응하여 진화해야 한다. 이러한 전략가는 해커의 모습 혹은 다양한 기술을 창의적으로 조합하는 슈퍼유저 Super User [3]의 모습으로 나타난다.

온라인 교육이 뉴노멀 New Normal 로써 자리 잡게 되는 코로나 이후의 교육환경에서는 특히 스튜디오 환경과 밤샘 작업을 미덕으로 삼아온 미켈란젤로 스타일의 건축 설계 교육은 큰 도전을 받아들여야 할 것 같다. 강의실에서의 재즈적인 요소와 인간적인 분위기가 차지하던 영역은 이제 다학제적 전문 지식, 신기술로 보완하지 않으면 안 된다. 설계 교육에서 인간과 디자인 Human-Design 이라고 하는 관계는

Fig. 6 가우디(Gaudi)의 작품을 경외하지만, 가우디처럼 죽고 싶은 이는 없다. 완벽주의자, 예술가로서 의 건축가라는 직업 모델은 다학제적 전략가(Multi-Disciplinary Strategist)의 모델로 바뀌어야 한 다. 사진: 사그라다 파밀리아, 수난의 파사드에 숨어 있는 가우디의 모습. 저자 촬영

인간-기계-디자인의 새로운 매트릭스Human-Machine-Design Matrix로 변화해야 한다. 크리틱 중심, 무에서 유를 창조하는 작가 정신을 강조하는 설계 교육이 이 상황을 어떻게 기회로 바꿀 수 있을까?

　"인간은 상상력이 부족하기 때문에 미래에 무엇이 중요한지 잘 모른다." 존경하는 작가인 나심 탈레브는 이렇게 단언한다. 그의 역작 『안티프래질』에서 그는 바퀴가 발명되고 나서 그것이 여행용 가방의 바닥에 이식되기까지 6,000년 가까운 세월이 걸렸음을 지적한다. 마야인들은 바퀴를 처음 발명하진 않았지만, 바퀴를 가지고 있었다. 그러나 그들의 바퀴는 아이들의 작은 장난감으로만 쓰였다. 그들은 평지에 있는 거대한 석판을 피라미드 건설 현장으로 옮기는 과정에서

수레를 이용하지 않고 직접 몸을 사용함으로써 엄청난 옥수수를 소비하고 젖산을 축적해야 했다. 그러는 동안 그들의 자식들은 바닥에서 장난감을 굴리고 놀았다고 한다. "우리가 절반은 발견되었다고 여기는 것들이 있는데, 이처럼 절반이 발견된 것을 발견된 것으로 가져가는 작업이 많은 경우 진정한 발전이 이루어진다. 때로는 발견된 것을 가지고 오직 상상력을 가지고 무엇을 할 것인지 생각해내기 위한 안목이 필요하다."[4] 4차 산업혁명을 선도하는 새로운 기술들은 널려 있지만, 그것을 서로 연결하고, 혁신적인 비즈니스 모델을 만들어내기 위해서는 상상력이 필요하다. 그간 건축 분야는 새로운 기술을 비즈니스로 연결하기 위한 절대 도구가 아니라, 더 정교한 모델을 만들기 위한 장인의 도구로만 써온 경향이 농후하다.

도면은 가상 건물의 한순간의 단명적인 그림자에 지나지 않는다. 그러한 까닭에 파라메트릭 디자인 스크립팅이나 로보틱스, 피지컬 컴퓨팅 프로그래밍은 연필이나 물리적 연장 대신에 건축가가 익혀야 할 새로운 언어들이다. 물론 컴퓨터 지오메트릭 모델은 수학적 완결성을 전제로 하므로 실제 시공 과정에서 발생하는 오차나 결함을 담고 있지 않다. 디지털 설계 도구는 가상 건축을 구축하는 도구이지 직접 건물 혹은 건물의 컴포넌트 을 만드는 도구가 아니기 때문이다. 공장에서의 컴포넌트 가공, 조립, 3D 프린팅을 위한 툴패스 Tool path 나 재료의 물성, 공차의 문제를 디지털 설계 프로세스에 통합하는 것은 건축 설계가 산업화하기 위해 소위 인공지능의 시대에 우리가 새롭게 익혀야 할 기예들이다. 크리틱 중심의 학교 스튜디오를 확장한 기존의 설계사무소 조직은 급변하는 현대사회가 요구하는 시장성 있는 상품을 만들 수 없다. 새로운 설계 조직은 전통적인 건축가 외에 데이터 사이언티스트, 재료 전문가, 파라메트릭 디자인 전문가, BIM 코디네이터와 같은 새로운 재원을 필요로 한다. 이러한 조직은 개념을 도면화하는 수직적, 순차적 프로세스가 아니라 4차 산업혁명을 선도하는 다양한 기술 플랫폼에서 새로운 도면 제작 기술이 아닌 '상품'을 개발할 수 있는 워크플로우를 만든다.

건축학과를 졸업하면 모두가 설계사무소를 차려서 집을 설계하는 직업 모델도 재고되어야 한다. 파라메트릭 디자인 도구, 인공지능, 디지털 패브리케이션, 로보틱스, 가상현실 VR 기술 등은 새로운 'CAD 멍키 Monkey'를 위한 일거리가 아니다. 가상성이 주도하며 새로운 플랫폼이 지배하는 건축 생태계에서 전대미문의 킬러 앱 Killer App

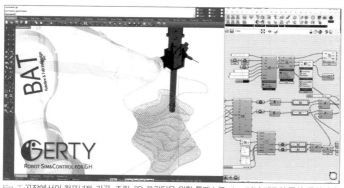

Fig. 7 공장에서의 컴포넌트 가공, 조립, 3D 프린팅을 위한 툴패스(Tool path)나 재료의 물성, 공차의 문제를 디지털 설계 프로세스에 통합하는 것은 건축 설계가 산업화하기 위해 소위 인공지능의 시대에 우리가 새롭게 익혀야 할 기예들이다. 이미지 제공: © B.A.T Partners(b-at.kr)

상품을 만들어낼 수 있는 도구들이다.

『인공지능 시대의 건축』은 여섯 개의 장으로 구성된다. 첫 번째 장인 "도구"는 디지털 기술의 발전상에 건축 설계에 있어서 도구의 의미를 더듬어 본다. 괜히 음악적인 유추를 하자면 1장은 '주제 Theme'에 해당하고 다음의 장들은 '변주 Variations'에 해당한다. 이 변주 장들은 특별한 순서를 가지고 있지 않기에 독립적으로 읽어도 좋다. 그렇게 "도구", "디지털 디자인", "정보모델", "가상성", "인공지능", "4차 산업혁명"으로 명명된 독립적이면서 상호 연관된 장들을 엮었다. 이 책은 전문 공학 기술서나 교과서가 아니라 형식적이지 않은 비평적 에세이의 성격을 가진다. 대부분 단편적으로 이미 블로그 등을 통해서 공개되었던 글을 근간으로 재구성하였다. 요즘 같은 시대에 책이라는 물리적 매체를 빌어 글을 출간하는 것이 무슨 의미가 있을까 하는 회의 때문에 짧지 않은 기간 동안 망설이고 거듭 미뤄왔지만, 이번에 정리를 하고 털어내 버려야 나름대로 기획하고 있는 다음 단계로 넘어갈 수 있을 것 같아 출간하기로 하였다.

이 책은 그런 의도에서 인공지능 Artificial Intelligence 이나 디지털 전환 Digital Transformation, 파라메트릭 디자인 Parametric Design, 가상성 Virtuality 과 같은, 쉽다면 쉽고 어렵다면 어려운 주제를 산책처럼 다루면서 건축 실무나 교육, 연구에서 우리가 무엇을 생각하고 해결해야 할지를 이야기하고 있다. 따라서 전혀 철학적이지도 기술적이지도 않다. 그렇다고 실무지침서 같은 책을 의도하지도 않았다. 대부분 내용은 오히려 일과 후 저녁에 맥주 한 잔을 기울이면서 나눌 수 있는 것들이다. 건축 전공을 지망하는 예비 대학생들 혹은 디지털 건축과 관련된 연구를 하는 대학원 학생들에게도 권할 수 있다. 책 사이사이에 유튜브 음악 링크를 곁들인 〈잠시 샛길〉이라는 섹션을 넣은 것도 이 책이 무거운 기술 공학 서적으로만 다뤄지지 않길 바라는 의도에서이다. 그렇게 부담 없이 건축 설계 분야에서 혹은 건축 엔지니어링 분야에서 이 책이 많은 이들에게 잔잔한 화두를 던졌으면 하는 바람이다.

잠시 샛길 1

이 책은 겉치레를 벗어던지고 직설적인 이야기로 채우고 싶었다. 그런데도 이런저런 잡학의 샛길을 넘나들 수밖에 없다. 원고 대부분은 음악을 듣거나 영화를 보다가, 혹은 소설의 한 구절을 음미하다가 스마트폰에 엄지손가락으로 입력했던 것이다. 그럼에도 이들이 어떤 큰 의미를 지니길 바라는 것이다.

얀 스와포드 미국의 작가이자 작곡가, 음악 전기 작가 의 표현처럼 "겉치레를 벗어버리고 단순하고 직설적으로 되어 모든 디테일이 커다란 의미를 지니게 된다. 따라서 그 솜씨 있는 비례감과 미묘한 채색과 대비로 인해서 그 장중한 1악장은 우리를 사로잡고 감동을 주는 것이다."

베토벤, 바이올린 콘체르토 D 장조, Lisa Batiashvili, Zubin Mehta / Israel Philharmonic Orchestra

---

1 나심 니콜라스 탈레브, 『안티프래질, 불확실성과 충격을 성장으로 이끄는 힘』, 안세민 옮김(와이즈베리, 2013)

2 케빈 켈리, 『기술의 충격, 테크놀로지와 함께 진화하는 우리의 미래』, 이한음 옮김(민음사, 2011)

3 'Super User'는 Randy Deutsch, *Superusers: Design Technology Specialists and the future of Practice*(Routledge, 2019)에서 차용.

4 나심 니콜라스 탈레브, 앞의 책

Chapter 1

도구
Tools

도구
Tools

1. 득도

Talent works, genius creates.
- Robert Schumann

명화극장 시절 추억의 영화, 〈대십자군 The Crusades 〉(1935)에서는 하늘거리며 떨어지는 천 조각이 살라딘 Saladin 의 다마스쿠스 강철 검[1]에 잘리는 장면이 나온다. 십자군 제후들은 경악하다 못해 속임수라고 비난한다. 오랫동안 다마스쿠스 강철 검은 냉전 시대 러시아의 비밀 병기만큼이나 서구 세계엔 공포와 동경의 대상이었다. 강철 검을 만드는 비법이 온전히 누설된 적은 없다. 핵심기술은 철괴를 거듭 접어가며 두들기고 날을 벼르는 접쇠 가공이다. 요즘의 탄소 나노 튜브와 유사한 원리의 유연성과 강성을 동시에 갖춘 명검을 만드는 비법은 문헌이 아니라 대면 수련을 통해서 다음 세대의 도검 대장장이에게로 전승되었다.

손놀림에 따라 철괴의 형태는
물론 성질이 달라지니, 명검의 여
부는 순전히 대장장이의 숙련도
에 달렸다. 대장장이에게 망치는
신체 일부처럼 재료의 감각을 매
개하는 도구이다. 마찬가지로 검
객에게 있어서는 도검 자체가 신
체 일부와 같은 도구이다. 베어야
할 재료, 즉 상대의 움직임에 감각
적으로 대응하기 위해 도검이라는
도구에 숙달해야 하지만 도검 자

Fig. 1 살라딘(Saladin)

체도 훌륭해야 한다. "명필은 붓을 가리지 않는다."라고 하지만 가진
자의 허세일 뿐이다. 도구가 훌륭하면 제작 과정이 즐겁고 도구의 수
준은 프로의 수준을 가늠하는 잣대이다. 미용사들의 가위나 요리사
들의 식도 가격은 문외한들을 종종 놀라게 한다.

프로가 될수록 명품 도구를 얻기 위해서 품을 들이는 것을 마다하
지 않는다. 특히 이러한 도구들은, 신체 일부처럼 자유롭게 다루면서
재료의 성질을 느낄 수 있을 때, 즉 '손맛'이라는 것이 있을 때, 진정
한 즐거움을 선사한다. 소위 명품을 쓰다가 그렇지 않은 싸구려 칼로
과일을 잘라보면 일반인도 그 손맛의 차이를 실감한다. 더 나아가 그
도구에 익숙한 전문가는 도구에 한정된 기능 이상의 창의적인 활용

을 하게 마련이다. 영화 속 절세고수는 거울처럼 반짝이는 칼날을 이용해 무수한 적들의 움직임을 간파한다. 도구 제작자가 상상한 기능만을 제대로 사용하는 것도 '재능'을 필요로 하지만 '천재성'과 특별한 노력이 더해져야 같은 도구로도 창조적인 결과를 만들어낼 수 있다.

최고의 도구를 얻기 위한 노력은 신화에서 필수적인 요소이다. 엑스칼리버 Excalibur 나 묠니르 Mjölnir 2 같은 절대 도구는 항상 이야기의 중심이다. 소유할 자격이 있는 영웅은 특별한 수련이 없어도 신공을 발휘하는 마법이 절대 도구에 깃들어 있다. 그러나 신화적 포장을 걷어낸 현실에서는, 당대의 첨단 기술이 집약된 명품과 소유자의 천재성, 그리고 특별한 노력이 결합하였을 때 절대 도구가 탄생한다. 1차 세계대전 중 붉은 남작, 폰 리히트호펜 von Richthofen 의 포커 삼엽기 Fokker Dreidecker. Dr. I 나 2차 세계대전의 메서슈미트 Messerschmitt 와 같은 전투

Richthofen's all-red Fokker Dr I 425/17 shortly before his demise

Fig. 2 붉은 남작, 폰 리히트호펜과 포커 드라이데커.

기가 여기에 해당한다. 마르세예 Marseille 는 메서슈미트 전투기를 자신의 분신처럼 만들어 공중전의 신화를 만들었다.

공중전의 역사에 관심이 있다면 한스-요아힘 마르세예 Hans-Joachim Marseille 라는 이름을 모르는 이가 없을 것이다. 2차 세계대전 당시 북아프리카 전선에서 맹활약한 독일 공군의 에이스로서, 그 유명한 '황색 14번기 Gelbe Vierzehn '를 몰고 올린 전설적인 전적으로 그는 '아프리카의 별 Der Stern von Afrika '이라는 별명을 얻었다. 다음은 마르세예의 화려한 기록 중 대표적인 것이다.

- 1942년 9월까지 영국 전투기만 158기 격추
- 1942년 9월 1일 하루 동안의 전투에서 17기 격추
- 10분 동안의 전투에서 8기 격추
- 1942년 9월 첫 주의 1주일간에 38기 격추[3]

동료였던 에밀 클라데 Emil Clade 는 훗날 회고록에 다음과 같이 기술했다.

"마르세예는 그 자신만의 특별한 전술을 개발했는데, 여타의 조종사와는 확연히 다른 것이었다…. 그와 전투기는 한 몸이었으며, 다른 누구도 그처럼 전투기를 자유자재로 다룰 수 없었다."[4]

황색 14번기는 당대 최강의 전투기 중의 하나였던 메서슈미트 Bf-

Fig. 3 한스—요아힘 마르세예.

109이다. 이런 전투기의 기체 설계 개념은 '양성 정적 안정성 Positive Static Stability'의 확보이다. 양성 정적 안정성이란 어떤 물체가 평형상태를 잃은 후 곧바로 원 자세를 회복할 수 있는 상태를 말한다. 어떤 외력이 가해졌을 때 기체의 자세가 바로 원상태로 복원되는 구조로 설계되었다는 것이다. 이 경우 기체는 마치 '물 위에 떠 있는 오리 Rubber Duck'와 같아서 어떤 한계 이상의 과도한 움직임을 불허한다. 즉, 기체가 부서지거나 조종 불능이 된다. 마르세예는 이러한 특성의 전투기를 몰고 공중전에 필요한 고난도의 기동과 그의 전설적인 예측 사격술 Deflection Shooting [5]을 함께 펼치기 위해서 기체를 자신의 몸처럼 섬세하게 다루는 조종술을 터득했다. 다시 말하자면, 도구 제작자가 의도한 기능을 넘어서 '특별한 노력과 천재성'으로 창조적인 결과를 만들어냈던 것이다.

마르세예처럼 공중전 기술을 득도한 에이스에게 있어서 전투기는 그의 분신처럼 움직이는 절대 도구가 되었다. 누구나 노력한다고 득도하는 것은 아니다. 내재한 천재성을 들춰내는 계기와 적절한 방법만이 득도에 이르는 길이다. 공중전의 신에 접하기 위해선 같은 전투기를 다른 누구도 흉내 낼 수 없게 자유자재로 사용할 수 있게 만든 그만의 천재성과 방법이 필요했다. 북아프리카 전투 초기 보잘것없는 전과를 기록하던 시절, 마르세예는 작전 후 귀환 도중 동료 전투기들을 상대로 남들은 이해하지 못하는 기동술을 틈틈이 실험하면서 나름의 득도를 한 것이다.

마찬가지로 건축의 신과 접신하기 위해선 타고난 건축적 천재성이라는 것이 필요하다. 우리는 그러한 천재성을 가우디 Antoni Gaudi 나 에펠 Gustave Eiffel 과 같은 건축가들에게서 발견한다. 건축을 자연과 일체화하는 과정에서 가우디는 인간의 직선이 아닌 신의 곡선을 구현하였고 천재성을 담보로 하지 않고는 설명하기 힘든 업적을 남겼다. 마르세예나 가우디에게 주어진 도구를 절대 도구로 만든 것은 그들

Fig. 4 한스-요아힘 마르세예의 황색 14번기(메셔슈미트 Bf-109).

의 타고난 천재성이었다. 무턱대고 노력한다고 신의 곡선을 구현하는 건축술을 얻을 수 없고, Bf-109 전투기가 모두 전설의 황색 14번기가 될 수는 없다. 천재들이 득도의 과정에서 수행한 방법을 그대로 따라 한다고 모두가 득도할·수 있는 것도 아니고, 그들이 득도한 경지를 타인에게 온전히 전수할 방법도 없다.

불편한 진실이지만, 시대를 이끌어 갈 천재 건축가는 교육되는 것이 아니라 타고나는 것이다. 대학은 새들에게 나는 법을 가르치는 곳이 아니라, 다른 새들과 같이 나는 방법을 가르치는 곳이다. 대학 건축 교육의 목표는 졸업생이 합리적으로 사고하고, 타 분야 전문가와 협업하고, 시대의 변화에 잘 적응할 수 있게끔 전문인으로서 사유 능력과 총체적 지식을 키워주는 것이다. 그들 모두를 가우디와 같은 신화의 인물로 만드는 것이 교육의 목표가 아니다.

잠시 샛길 2
미야자키 하야오 감독의 애니메이션 〈붉은 돼지〉의 모델이었던 이탈로 발보 Italo Balbo, 소행성 B612로 떠난 생텍쥐페리 Antoine de Saint-Exupéry, 그리고 북아프리카의 별, 한스 요아힘 마르세예…. 동시대를 불꽃처럼 살았고 자신의 분신과도 같았던 전투기와 함께 산화한 '모노 시대의 영웅'들이다.

베토벤, 교향곡 7번, 2악장, Allegretto, Wilhelm Furtwangler /
Berliner Philharmoniker 연주

Fig. 5 "인간이 창조한 것들은 모두 이미 자연이라는 위대한 책에 있던 것들이다." 가우디에게 있어서 건축술이라는 것은 자연이라는 도구를 변용하고 창조적으로 활용한 천재의 방법이었다. 저자 촬영(Barcelona 소재 Casa Mila 전시실. 2013년)

"Anything created by human beings is already in the great book of nature."

인간이 창조한 것들은 모두 이미 자연이라는 위대한 책에 있던 것들이다.

그의 유명한 경구처럼 가우디에게 건축술이라는 것은 자연이라는 도구를 변용하고 창조적으로 활용한 천재의 방법이었다. 그는 절대 도구를 찾기 위해서 자연을 관찰했고, 창의적인 실험을 거듭하였다. 그는 '신의 곡선'이라는 절대 도구를 찾았지만, 사람들이 이해할 수 있는 것은 오로지 과정에서 보여준 실험 수단과 결과물로서의 위대한 건축 작품뿐이다. 그의 실험을 다시 행하는 것은 아무런 의미도 없으며, 가우디가 영접한 신의 곡선은 그의 죽음과 함께 영원히 사라졌다. 절대 도구는 천재성을 담보로만 존재한 것이다.

2. 영웅들의 황혼

바람은 계산하는 것이 아니라 극복하는 것이다.
- 영화 〈최종병기 활〉중에서 '남이'의 대사

현대 제공 전투기의 표본이라고 할 수 있는 F-16 전투기의 개발 이후 전투기의 설계 철학은 일반적으로 '음성 정적 안정성 Negative Static Stability'에 기초한다. 음성 정적 안정성이란 동체가 일단 평형을 잃은 후에는 원상태로 되돌아갈 수 없는 상태를 말한다. 어떤 외력이 가해 졌을 때 전투기가 쉽게 안정성을 잃는 불안정한 역학 구조로 되어 있다는 뜻이다. 이런 역설적인 설계의 이유는 전투기의 공중 기동 능력을 극대화하기 위함이다. 문제는 이렇게 만들어진 전투기는 조종하

Fig. 6 음성 정적 안정성을 기초로 설계된 F-16 Fighting Falcon. 이미지 출처: Shutterstock

기가 매우 어렵다는 것이다. 작은 돌풍에도 자세나 경로가 변하고 그 변화가 가속되어 움직이기 때문에 조종사가 지속적으로 통제하기 어렵다. 이를 해결하기 위해서 등장한 기술이 디지털 플라이 바이 와이어 Digital Fly-By-Wire, 즉 조종사가 의도하는 기동을 실현하도록 컴퓨터가 판단하고 기체의 각 장치의 미세한 움직임이나 엔진 추력을 디지털 신경망을 통해 통제하는 체계이다. 이때 조종사의 의도는 항공기의 기동 동작으로 연결되지만, 조종사의 동작과 직접적으로 대응되는 기체 각 장치의 동작이란 것은 존재하지 않는다. 조종사의 의도와 전투기의 날렵한 기동이 있을 뿐, 그 사이에 어떠한 물리적 연결고리도 존재하지 않는다. 오직 알고리즘이 존재할 뿐이다.

현대전에서 이제는 마르세예처럼 전설적인 기록을 가진 영웅이 나오기는 어렵다. 전투기 한 대가 차지하는 전술적 비중이 커진 탓도 있지만, 조종사의 실력보다는 전투기의 성능이 공중전의 성과를 좌우하는 비중이 크기 때문이다. 그림 같은 근접전 Dogfight 은 영화에서나 나오는 장면이다. 적기는 대개 가시 범위 밖에서 중거리 미사일에 의해 격추되며, 일개 전투기가 제아무리 재주를 부려봐야 조기경보기 등의 입체적 지원을 받는 통합 시스템을 이길 수 없다. 한 사람의 영웅이 신화를 만드는 시대는 사라지고 자동화와 통합 시스템이 좌우하는 것이다. "감각과 느낌에 따라 수동으로 조종했던 유명한 조종사의 이야기는 실제로 존재한다기보다는 전설에서나 나올 법하다." 어느덧 조종사는 컴퓨터 인터페이스를 통해 가상의 전투기를 몰고, 맨눈으로 식별되지 않는 적을 상대로 전투를 한다. 전투기뿐만 아니

Fig. 7 대형 컴퓨터 인터페이스와 같은 조종석. 오늘날 비행기에서 컴퓨터 자동화가 만연했기 때문에 조종실은 비행하는 하나의 대형 컴퓨터 인터페이스로 간주할 수 있다. 에어버스 A380의 조종석.

다. "오늘날 비행기에서 컴퓨터 자동화가 만연했기 때문에 조종실은 비행하는 하나의 대형 컴퓨터 인터페이스로 간주할 수 있다."[6]

이러한 최신 항공기의 조종 시스템에서 조종사는 '기계'를 직접 통제한다는 착각을 한다. 그러나 그것은 마르세예가 황색 14번기를 조종하면서 가졌던 상호작용과는 다르다. 조종사는 포스 피드백 Force Feedback 을 느끼면서 항공기를 제어하는 것이 아니라 컴퓨터가 만들어낸 가공의 세계와 상호작용한다. "기계는 위대한 자연의 문제로부터 인간을 격리하는 것이 아니라 오히려 그 문제를 더욱 깊이 다룰 수 있게 해준다."라는 생텍쥐페리의 경구[7]는 이제 "기계가 인간을 자연으로부터 격리하여 가상성의 유리 감옥에 가둔다."라고 변용될 수 있다.

가상성의 유리 감옥에서 HMD 헤드마운트디스플레이를 통해 정보의 공간을 볼 수 있는 익명의 조종사들은 시스템의 일원이 되어 작전을 수행한다. 마르세예가 분신처럼 몰던 전투기와 달리 디지털 플라이-바이-와이어 기술에 의해 통제된 최신 전투기들의 경우 조종사는 영웅이 아니라 시스템의 일원이 되고 있다. 현대 건축에서 스타 건축가는 분명히 존재하지만, 그 역시 시스템의 일원이다. 건축가의 아이디어는 클라우드에서 진화되고, 가상 건물이 클라우드에서 지어지면서 한 건물의 생애에 관여하는 다양한 플레이어들이 언제 어디서나 가상 건물을 넘나들 수 있는 세상이 된 것이다. 가상 건물은 어느새 건물 자체의 탄생 이전부터, 그리고 오래 혹은 영원히 존재하는 존재가 되었다.

가우디는 체인의 절점마다 모래주머니를 일일이 달아서 신의 곡선을 탐구했지만, 파라메트릭 디자인 시대의 설계자들은 알고리즘이 만들어내는 가상의 곡선을 마음대로 다룬다. 설계조직은 점점 가상화되고 정보모델로서의 건물은 클라우드에 존재한다. 물에 뜬 오리와 같은 전투기의 특성을 극복하고 공중전의 신을 영접한 마르세예나 자연의 관찰과 실험을 통해서 신의 곡선을 터득한 가우디와 같은 영웅들의 신화에 황혼이 깃들고 있다. 음성 정적 안정성이라는 전투기의 물리적 특성은 디지털 플라이-바이-와이어 기술에 의해 극복되고, 가상의 전투기는 제공권을 장악하는 절대 도구가 된다. 디지털 건축가는 자연의 비밀을 탐구하는 건축가가 아니라 신의 곡선을 만들어내는 디지털 도구를 이용해 가상 건물 Virtual Building 이라는 절대 도구를 가지게 된다. 개인의 능력보다는 시공을 넘나드는 시스템화된 커뮤니케이션과 협업이 혁신적이고 성공적인 프로젝트를 좌우하게 되었다. 이제 "바람은 극복하는 것이 아니라 계산하는 것"이 된 것이다.

잠시 샛길 3

디지털 설계 도구를 전통적인 설계 도구처럼 사용하면 결국 그 한계를 벗어나지 못한다. 장인의 그것과는 달리 디지털 도구는 지식을 캡처하고 공유하여 개인의 능력이 아닌 조직의 지식으로 만들 수 있는 잠재력을 가지고 있다.

디지털 설계 도구의 미덕은 기교 Craft 가 아니라 소통 Communication 과 협업 Collaboration 이다. 여전히 BIM 설계를 도면 출력 자동화 정도로 취급하지만, 본질적으로 다른 접근을 하지 않으면 작업량만 늘어날 뿐이다.

새로운 매체가 새로운 사유체계를 만나면 전대미문의 도구가 탄생한다. 그런 교육 방법이나 기술을 실험하고 개발하는 것이 연구자의 몫인 것 같다. AI 기반 설계니, 메타버스니 하는 기술들이 달이 아니라 손가락 끝을 가리키는 것은 아닌지….

Claudio Arrau, Henryk Szeryng, Janos Starker의 베토벤 트리플 콘체르토, 1악장 알레그로. Eliahu Inbal 지휘 New Philharmonia Orchestra 협연의 이 앨범 재킷 이미지는 마치 디지털 도구와 현장 협업으로 부산한 혁신적인 설계 스튜디오 모습을 연상하게 한다. 마감일 아침, 개인 작업의 처참한 흔적으로 처연한 설계실이 아니라…. 이제 그런 이야기를 아무도 낭만적인 영웅담으로 들어주지 않는다.

베토벤, 트리플 콘체르토, 1악장, Allegro, Claudio Arrau, Henryk Szeryng, Janos Starker, Eliahu Inbal / New Philharmonia Orchestra

3. 디지털 설계 도구

유려한 스케치를 뽐내며, 어깨 너머 배우는 제자들과 선문답을 주고받던 건축 영웅들의 신화는 오래전에 사라졌다. 의도대로 시공되지 않은 콘크리트 기둥을 손수 해머로 까부수던 열정적인 건축가의 일화는 그저 빛바랜 전설일 뿐이다. 선임 설계자가 자신의 아이디어를 난해한 스케치로 남겨놓으면 스태프 누군가가 도면으로 정리해주고, CAD 작업자는 CAD 파일들을 보물인 양 자신의 컴퓨터 하드디스크에 저장해두는 시대는 아니다.

규모와 무관하게 현대 건축 프로젝트의 복잡성은 점점 커져서 개인 설계자가 종횡무진으로 활동하며 제대로 관리를 한다는 것은 불

Fig. 8 프랭크 게리, Marqués de Riscal Hotel(Elciego, Spain) 저자 촬영. 어깨 너머 배우는 제자들과 선문답을 주고받던 건축 영웅들의 신화는 오래전에 사라졌다. 혁신적인 프로젝트는 이제는 2차원 도면이나 투시도와 같은 전통적인 표현 수단으로는 커뮤니케이션할 수 없다.

가능하다. 혁신적인 프로젝트는 이제는 2차원 도면이나 투시도와 같은 전통적인 표현 수단으로는 커뮤니케이션할 수 없다. 시공 품질, 안전, 디지털 패브리케이션에 의한 생산 혁신, 유지관리 단계에서의 복합적 성능, 자원 재순환과 같은 시대적 요구를 설계단계에서부터 제대로 고려해서 성공적인 프로젝트로 이끌기 위해서는 건축가의 의도를 "디지털 플라이-바이-와이어"처럼 번역할 수 있는 혁신적인 도구가 필요하다. 이러한 도구는 단순히 도면을 자동화하거나 복잡한 지오메트리를 무결하게 표현하거나 극사실적인 이미지를 만들어내는 표상 Representation 의 문제가 아니다. 이는 사람과 사람, 사람과 기계가 어떻게 소통하고, 과거에 머무르지 않는 사고와 작업방식을 만들어내는 문화 Culture 와 지혜 Wisdom 의 문제이다.

물론 모든 실무에서 이러한 도구가 필수적인 것은 아니다. '건축의 본질'을 운운하며 여전히 멋스러운 드로잉에 치중할 수 있고, '감'과 '열정'으로 윤색된 옛 시절 이야기를 하며 버텨낼 수 있다. 기존의 척박한 건축 생산체계 내에서 반복되는 일상을 개탄하면서 묵묵히 희망을 찾아갈 수도 있다. 그러나 글로벌 환경에서 인적 물적 자원을 적시에 조직화할 수 있는 시스템과의 싸움에서 도태되는 것은 필연적이다.

온갖 후진적이고 불합리한 요소들이 해결되지 않는 우리 건축계에서 창조적 도구를 논하는 것은 사치스러운 짓일 수도 있다. 결정적 수익은 여전히 부동산 조작에서 발생하며 기술의 개발이나 혁신으로 절감할 수 있는 비용이 지가 상승이나 투기 때문에 발생하는 이익에

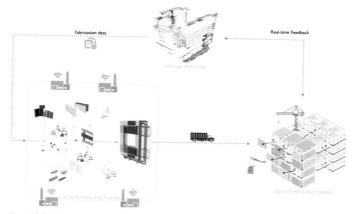

Fig. 9 여타 분야와 마찬가지로 건축 생산은 고도로 시스템화되고 디지털 전환이라는 시대적 요구에 직면하고 있다. BIM 기반의 디지털 트윈, 프리패브, 공장 생산, 현장 조립으로 연계되는 Just-In-Time 디지털 체인 개념도. 이미지 제공: Design Informatics Group, SKKU.

비해서 미미하기 때문이다. 그러한 가운데 여타 분야와 마찬가지로 건축 생산은 디지털 전환이라는 시대적 요구에 직면하고 있다.

디지털화는 통상 디지타이징 Digitization, 디지털화 Digitalization 그리고 디지털 전환 Digital Transformation 의 3단계로 설명된다. 디지타이징은 문자 그대로 데이터의 디지털화이다. 도면을 손으로 그리거나 타자기로 보고서를 쓰는 일은 없으므로 현재 대부분의 '정상적인' 설계회사의 업무 프로세스는 디지타이징 단계를 넘어섰다고 할 수 있다. 한편 디지털화는 '도구' 활용 수준에서의 디지털 업무를 말한다. 이는 건축을 엔지니어링 제품 수준에서 표현하면서 그것의 생산 지식이 디지털 정보로 관리될 수 있음을 말한다.

그런데 설계사무소에서 흔히 CAD라고 부르는 것은 소위 'CAD 멍키 Monkey'들의 도구로 사용되는 경우가 많다. 그들은 현란한 단축키 신공과 무거운 엉덩이로 도면은 물론이고 물량표, 심지어 일반 문서까지 특정 CAD 프로그램으로 해결하는 디지타이저 Digitizer 전사들이다. 그들은 뜨거운 용광로에서 달궈진 철괴를 두들겨 날을 벼리는 도검 장인처럼, 설계 도구를 활용하기보다는 심신을 갈아 넣어 도면을 만드는 역할을 한다. 그들은 컴퓨터를 신체의 연장으로써 사용하는 디지털 시대의 장인이거나 노동자이다. 두 작업을 차이 짓는 것은 예술혼이다. 그러나 우리가 설계 전산 Computational Design 이라고 부르는 디지털화는 컴퓨터가 '신체의 연장'이 아닌 '정신을 확장'하는 도구로 사용되었을 때 가능하다.

최근까지 건축 분야에서 설계 전산은 특이하게도 디지털 장인 또는 아티스트에 의해 주도되어왔다. 극사실적 컴퓨터 그래픽이나 애니메이션 도구는 그 자체가 예술적 구현 대상이 되어, 탐미적인 형태 실험의 도구로 활용되었다. 마누엘 데란다 Manuel Delanda 의 지적처럼 대개 이러한 작업의 결과물은 뻔한 형태로 수렴되며, 정신의 확장이 아니라 처음부터 결정되어 있다.[8] 예술적 구현 대상으로서의 디지털 모델은 재현 수단이지 생산 수단이 아니다. BIM, 파라메트릭 디자인 기술과 결합한 성능 시뮬레이션 도구, 그리고 3D 프린팅과 결합한 제너러티브 디자인 Generative Design 은 본격적인 디지털화의 가능성을 열어주고 있지만, 결국 그러한 시도는 '제품으로서의 건축'을 전제조건으로 한다.

건축 생산 프로세스에서 '제품'에 대한 개념이 없다면 디지털화는 불가능하다. 마찬가지로 건축물도 엄연한 '상품'이라는 명제를 거부한다면 디지털 전환은 불가능하다. 왜냐하면 디지털 전환의 본령은 가치 혁신과 비즈니스 모델에 있기 때문이다. 크리틱 중심의 학교 스튜디오를 확장한 설계사무소의 조직은 급변하는 현대사회가 요구하는 시장성 있는 상품을 만들 수 없다. 새로운 설계조직은 전통적인 건축가 외에 데이터 과학자, 재료 전문가, 파라메트릭 디자인 전문가, BIM 코디네이터와 같은 새로운 재원을 필요로 한다. 이러한 조직은 제너러티브 디자인이나 3D 프린팅과 같은 강력한 디지털 도구를 활용하여 하향적 진화가 아니라 수평교배적 상품을 개발할 수 있는 새로운 프로세스를 만든다. 상품으로서의 건축은 개념의 물질화와 같은 일방적 프로세스가 아니라, 기능과 요구를 신속히 형상화하고, 테스트하면서, 그 성능을 측정하고 학습하여, 재창조하는 프로토타이핑과 린 스타트업 Lean Startup 프로세스[9]가 있어야 성립될 수 있다.

4. 건축가의 도구

다른 모든 예술이 그러하듯이 건축은 자연의 모방체이므로, 자연에서 소원하거나 벗어난 것은 용인할 수 없다.

I say therefore, that architecture, as well as all other arts, being an imitatrix of nature, can suffer nothing that either alienates or deviates from that which is agreeable to nature.

- Andrea Palladio, The Four Books of Architecture.

장인이 재료를 다루면서 축적된 경험은 명문화된 설명서를 통해서 전수될 수 있는 성격의 것이 아니다. 디지털 도구를 건축 설계에 활용하면 생산성이 저절로 높아질 것 같지만 현실은 다르다. 디지털 설계 도구 역시, 그것이 2D CAD이든, 3D 모델링 도구이든, 파라메트릭 디자인 도구이든, BIM 설계 도구이든, 정작 표현물을 만들면서 축적된 개인적인 경험과 깨달음이 저절로 동료들에게 전달될 수 없다. 심지어 이러한 자산은 개인 설계자가 조직을 옮기면서 같이 사라지는 경우가 대부분이다.

디지털 설계 도구의 미덕은, 그것이 개인의 지식체계가 아닌 기관의 지식체계를 담는 용기라는 점이다. 파라메트릭 디자인 도구는 설계 지식을 기관화 Institutionalization 하기 위한 도구이지 개인 설계자의 유려한 검술을 뽐내기 위한 도구가 아니다. 건축가가 디지털 도구를 이용하여 설계한다는 것은 도면을 제작하기 위한 도구로 사용하는 것이 아니다. 디지털 도면 역시 일견 설계의 수정을 쉽게 하고 생산성을 높이는 것 같지만, 본질에서 도면은 도면일 뿐이다.

건축 설계는 표현물을 다루는 작업이지만, 표현물이 목적은 아니다. 현실적으로 실제 재료를 다루지 않기 때문에 건축 설계 프로세스는 가상성이 지배한다. 재료의 물성을 직접 느끼면서 대응한다는 것은 마치 음악에 있어서 현弦의 물리적 특성을 손끝의 감각으로 제어하는 바이올린 연주자와 같다. 디지털 설계 도구가 아직 그러한 물성을 전달해주지 못하므로 디지털 도구를 장인의 도구처럼 사용한다는 것은 디지털화의 본령, 즉 지식 도구의 역할을 제대로 하지 못하는 것이다.

잠시 샛길 4

피아노가 작곡가의 도구이듯, 디지털 도구가 장인의 도구가 아니라 설계자의 도구라는 점은 학생들이 도구를 다루는 상황을 관찰해보면 금세 알 수 있다. 디지털 모델링 도구를 구체적인 형태를 만들기 위한 도구로 가르치는 것과, 어떤 기능에 적합한 형태를 만들어내는 도구로 가르치는 것은 전혀 다르다.

악보가 완성되지 않은 상태로 초연에 성공한 일화로 유명한 베토벤 피아노 콘체르토 3번. 피아노라는 절대 도구를 마주한 천재의 슈퍼컴퓨팅은 청중과 호흡하면서 성능과 형태를 실시간으로 시뮬레이션한 Form—Finding Process를 시연한 것이었다.

17분 50초부터 시작되는 2악장 라르고의 서정적 아름다움에 잠시 심신을 맡기고, 작곡자의 손에서 벗어난 피아노라는 절대 도구를 득도한 듯 마주한 Michelangeli의 마법에 취해보자.

베토벤, 피아노 콘체르토 3번. Arturo Benedetti Michelangeli,
Carlo Maria Giulini / Wiener Symphoniker

주지할 점은 적어도 르네상스 시대 이후 건축 설계는 이제는 실제 건축물을 대상으로 하는 작업이 아니며, 따라서 설계 도구 역시 건축물을 직접 다루는 도구가 아니라는 점이다. 도면이나 모형은 건축물의 표현물이며, 연필이나 CAD 도구 역시 건물의 재료를 직접 다루는 도구가 아니라는 것이다. 건축 설계 도구는 일찌감치 재료의 물성과의 직접적인 상호작용을 상실했다.

1990년대 초반 자하 하디드Zaha Hadid 와 같은 건축가는 천재성에도 불구하고 페이퍼 아키텍트의 전형이었다. 초기의 대표작, '비트라 소방서Vitra Fire Station'의 경우 중력을 거부하는 강렬한 형태를 현실화하기 위해 과다한 철근 덩어리 표면을 콘크리트로 화장한 형태 지상

Fig. 10 자하 하디드, 비트라 소방서.

Fig. 11 Stuart Weitzman Shop Showroom, Rome. 저자 촬영

주의의 표본이었다. 그러나 1990년대 이후 디지털 설계 도구와 패브리케이션 기술이 고도화되면서 페이퍼 아키텍처는 실체성을 가지게 되었다. 가상성의 도구가 물성을 회복시켜주었다는 것은 아이러니컬하지만, 자하 하디드라는 천재는 자신의 스타일에 디지털 기술을 결합함으로써 곡선의 여왕이라는 절대 도구를 달성한 것이었다.

자하 하디드나 프랭크 게리 Frank Gehry 와 같은 스타 건축가들에겐 천재성이라는 것이 분명히 내재한다. 타고난 천재성은 학교에서 교육될 수 있는 성질의 것이 아니다. 그들만의 방법론과 스타성은 과거 마르세예의 기동술이나 가우디의 창의적 실험처럼, 디지털 도구와 접목하면서 '곡선'이나 '주름'과 같은 디지털 시대의 절대 도구를 만들어냈다. 모든 건축가가 그렇게 독특한 천재성을 가지고 있다면, 이미 그것은 특별히 천재성이라고 할 수도 없다. 교육 방법론과 실무 관점에서 디지털 시대의 건축가는 천재성 대신에 시스템의 일원으로서 협업할 수 있는 능력을 갖춰야만 하는 것이다. 디지털 도구는 신체의 연장이 아닌 정신의 확장 도구로써 사용됨으로써, 과거의 건축가들이 상상할 수 있어도 재현할 수 없었던 것을 재현할 수 있게 해주고, 상상할 수 없던 것을 상상할 수 있게 해준다.

가우디는 신의 곡선을 구했지만, 그것은 현실적으로 재현 불가능한 것이었다. 동물의 뼈와 식물의 촉수에서 자연에 숨어있는 신의 곡선을 찾으려 했지만 본질에서 그 신의 곡선은 그의 상상 속에만 존재했고, 우리는 가우디의 작품들이 그것을 완벽하게 재현했는지를 알 도리가 없다. 디지털 건축가에게 이러한 신의 곡선은 수학적 알고리즘으로, 생물학적 생성 코드로 주어진다. 과거에는 이를 재현하는 것이 불가능했지만 컴퓨팅 기술의 발달은 이를 가능하게 만들었다. 인체의 골격 구조와 골격을 구성하는 미세 구조를 컴퓨터 그래픽으로 재현하는 것에 멈추지 않고 3D 프린팅 기술 덕분에 그것을 실제로 생산할 수 있다. 골격을 통해 자연의 교과서를 읽고 신의 곡선이라는 가상의 존재를 찾았던 반면, 이제 가상의 존재를 통해 실체를 재현하고 생성할 수 있게 되었다. 어떤 의미에서 건축 설계는 지속해서 가상의 존재를 재현하고 실체로 생성하기 위해 가상의 도구를 사용한 작업이었다. 그리고 이는 어떤 형태를 상상하고 만들어가는 작업이 아니라 자연에 이미 숨어있던 형태를 찾아가는 작업이라 할 수 있다.

실체는 가상이 남긴 무수한 흔적 중의 하나인 것이다.

신체의 연장은 "형태를 만들어가는 과정"에 집중하고 정신의 확장은 "형태를 찾아가는 과정"에 집중한다. 이러한 현상은 굳이 가르치지 않아도 수업 현장에서 쉽게 발견할 수 있다. 여느 건축학과처럼 우리 학과에서는 학부 교육과정에 두 개의 CAD 수업이 편성되어 있는데, 하나는 기초 과목에 해당하는 디지털모델링이고 다른 하나는 고학년을 위한 디지털디자인이다. 전자는 디지털 리터러시 Literacy, 후자는 디지털 플루언시 Fluency 를 습득하는 것을 수업의 목표로 삼고 있다. 매년 커리큘럼이나 다루는 도구는 계속 바뀐다. 어떤 부분은 굳이 디지털 도구로서 구별할 필요성이 없어지는 까닭에 커리큘럼에서 사라진다. 대신 저학년 설계 스튜디오의 수업에서 과거의 삼각자나 스케일처럼 평범한 도구처럼 다뤄지기도 한다. 이는, 일선에서 손도면을 그리지 않는 것처럼, CAD라는 용어가 특별히 설계와 구분되지 않는 것과 궤를 같이한다. 디지털모델링 수업에서 컴퓨터 설계 도구를 처음 사용하는 학생들을 관찰하면 여러 가지 재미있는 모습을 발견하게 된다.

전형적인 조형 교육의 영향이기도 하지만 학생들은 대개 어떤 자연의 대상을 참조하여 추상화하는 과정을 선호한다. 예를 들어 고래가 수면으로 점프하는 모습을 추상화한 형상 같은 것이다. 여기서 제시된 개념은 디지털 클레이 Digital Clay 이다. 즉 찰흙을 직접 손으로 주물러 원하는 형상을 만들어내는 과정을 디지털 도구를 이용하여 수행한 것이다. 애초에 어떠한 형상이 결정되어 있지는 않다. 오히려

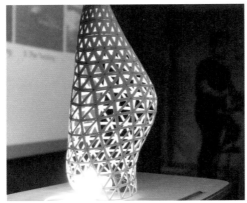

Fig. 12 디지털 클레이(Digital Clay) 개념에 의한 디지털 모델링. 찰흙을 손
으로 주물러 원하는 형상을 만들어내는 과정을 디지털 도구를 이
용하여 수행한다. 이미지 제공: Design Informatics Group, SKKU

디지털 오브젝트에 이런저런 변형을 가하면서 자유로운 조형 가능성을 깨닫게 되고 이를 응용하여 어떤 형상을 만들게 되는 것이다. 그리고 거기에 적합한 이름을 붙이는 발견의 과정을 가지기도 한다.

대표적인 과제 중의 하나인 램프쉐이드^{전등 외피}를 만드는 과정에서 어떤 학생들은 연계된 기능을 염두에 두고 형태 다듬기를 하는 것을 관찰할 수 있다. 광원의 빛이 새어 나오는 효과를 염두에 두면서 외피 조각의 틈을 조절하고 이음새 모양을 다듬는 작업을 시도하는 학생들이 적잖이 나타나는 것이다. 형태와 기능을 동시에 고려하는 작업은 설계자의 자연스러운 태도이다. "음악가는 영혼과 영혼을 잇고 건축가는 다리의 두 꼭짓점을 잇는다."[10] 기능이 없는 형태란 존재하지 않으며 그것은 순수한 예술에서만 가능하다. 디지털 설계 도구

Fig. 13 원하는 성능에 적합한 형태를 찾아가는 도구의 가능성을 곧 바로 익히는 사례. 디지털 설계 도구는 이내 형태와 성능을 견주면서 적절한 성능을 발휘하는 형태를 찾아가는 Form–Finding Process가 된다. 이미지 제공: Design Informatics Group, SKKU

는 이내 형태와 성능을 견주면서 적절한 성능을 발휘하는 형태를 찾아가는 Form-Finding Process가 된다.

"건반을 눈으로 내려다보며 악상을 시험해보고 쉽게 기록할 수 있는 장점에다가 음계의 경계를 넘나들 수 있는 착상의 자유로움이 더해지자 작곡가들의 생산성은 크게 높아졌다." 나성인, 베토벤 현악사중주 11

피아노가 작곡가의 도구이듯, 디지털 도구가 장인의 도구가 아니라 설계자의 도구라는 점은 학생들이 도구를 다루는 상황을 관찰해보면 금세 알 수 있다. 디지털 모델링 도구를 구체적인 형태를 만들기 위한 도구로 가르치는 것과 어떤 기능에 적합한 형태를 만들어내는 도구로 가르치는 것은 전혀 다르다.

유명 건축가들이 건물이 아닌 요트와 같은 산업 디자인 제품을 하는 사례를 보면 이러한 어프로치의 합리성을 쉽게 유추할 수 있다. 본업이 아닌 분야이지만, 건축가가 디자인한 요트가 미적으로 세련된 동시에 바람을 이용하고 파도를 가르는 기능에 부합될 가능성이, 건축 설계 경험이 없는 사람의 디자인보다 월등히 높다. 또한 맹목적인 기계학습으로 만들어지는 무수한 요트 디자인보다 우수할 가능성이 크다. 다만, 건축가의 직관을 기술적으로 뒷받침하는 디지털 도구의 역할은 더욱 중요하다. 건축가의 디자인 전략을 유지하면서 그것이 내포하는 성능을 실시간으로 시뮬레이션하고 구조적으로 보완된 형상을 제시해주고, 여러 측면의 성능이 더 나은 솔루션을 알고리즘으로 탐색하는 방법이다. 유전자 알고리즘을 포함한 소위 인공지능 기술을 응용한 설계 자동화는 명백히 인간 설계자의 계산 능력이나 경험의 한계를 극복하는 방법이다. 그러나 설계자의 '의도' 혹은 '개념'을 알고리즘이 다룰 수 있도록 매개 변수화 Parameterizing 하는 것은 고스란히 인간, 창의적인 설계자의 몫이다.

건축가는 직관적으로 감각적인 형태와 조화로운 비례감, 그리고 그 형태와 배치가 내포하는 기능과 공간적 연계를 총체적으로 바라보는 능력을 갖추고 있으며, 이는 알고리즘에 의해서 쉽게 대체될 수 없는 것이다. 게다가 그러한 과정에서 얻는 건축가의 성장과 성취감은 오롯이 건축가의 몫이며 알고리즘이 절대로 대체해줄 수 없다. 따라서 건축가라는 직업이 존재하는 한 건축가는 도구의 즐거움을 기계에 온전히 내어줄 수 없으며, 그 과정에서 얻는 감동을 포기할 수 없다. 자신을 스스로 감동하게 할 수 없다면 고객에게 감동을 줄 수도 없다. 건축가가 누리는 최고의 가치는 창작 과정에서의 자기 성장과 성취감이다. 이것을 얻기 위해 소요되는 총체적 비용의 사회적 가

잠시 샛길 5

하이든 교향곡 13번은 요즘 건축학과를 제외한 공과대학의 잘 나가는 학과 교수들처럼 엄청난 편수를 자랑하는 교향곡 실적 중에서 특별한 곡이다. 마치 성격 활달하고 술 좋아하고 상처 같은 것은 전혀 안 받을 것 같아 보이는데, 이렇게 섬세하고 서정적인 면이 있었나 싶은 그런 사람처럼 특별한 악장이 있다. 2악장, 아다지오 칸타빌레 Adagio Cantabile 는 교향곡이라기보다는 첼로 콘체르토에 가깝다. 현악기들만 부드럽게 받쳐주는 가운데 첼로가 우아하게 자신의 서정성을 드러낸다.

원전에 접근하고자 하는 예술가의 노력은 도구에도 반영된다. 나탈리 클레인 Natalie Klein 은 1777년 제작 과다니니 Guadagnini 를 연주하며, 고전적 세팅에 한층 더 접근하기 위해 거트 현과 가벼운 활을 사용한다. 거장 로스트로포비치 Rostropovich 의 하이든 연주에 비해서는 좀 가볍고 카덴차 Cadenza 도 묘하게 미끄러지지만 에드가 모로 Edgar Moreau 와 같은 신세대 연주자들처럼 정교하고 아취가 있다. 아마 이런 스타일이 하이든 시절의 연주에 더 가까운 것일 수도.

하이든은 그의 전성기인 에스테르하지 Esterhazy 시절, 이 교향곡을 작곡했고, 당시에는 에스테르하지 궁정악단 첼리스트 요셉 프란츠 바이글 Joseph Franz Weigl 이 오롯이 이 아다지오 칸타빌레를 지배했다고.

하이든, 교향곡 13번, 2악장, Adagio cantabile, Natalie Clein,
Michael Hofstetter / Recreation – Großes Orchester Graz

치를 인정하는 것은 그 사회의 성숙도와 비례한다. 적절한 보상과 성취감만 있다면 건축가들은 무엇이라도 디자인할 수 있도록 훈련된 전문가들이다. 답이 정해져 있지 않은, 그리고 모순덩어리의 설계 문제에 대해서 종합적으로 사유하고 독특한 해결안을 제시할 수 있는 '천상 연구자'들이다.

대지의 흐름을 읽어내고 어디에 축을 정하고 어떤 지역적 역사적 상징성을 도출하며 어떤 공간적 분위기를 연출할 것인가를 정하는 것은 여전히 숙련된 인간 건축가만이 할 수 있다. 그런 핵심적인 의사결정으로 건축가가 틀을 잡아가면서 물리적 성능에 근거한 세부적인 설계의 의사결정은 컴퓨터가 진행하는 공생적인 설계 워크플로우의 필요성은 자명하다. 정량적 성능 예측에 근거한 대부분의 '합리적' 짜 맞추기보다도, 결국 사람들에게 영원한 감동을 주는 한 방은 인간 건축가만이 날릴 수 있기 때문이다. 일반인들에겐 '비합리적'으로 보일지라도 인간 건축가만이 비합리적인 공간에서 감동을 기획할 수 있다. 역으로 말하면 감동을 줄 수 없는 건축가가 설 자리는 없다.

건축가에게 다마스쿠스 강철 검과 같은 절대 도구는 존재하지 않는다. 검객이나 대장장이와는 달리, 건축가는 설계 과정에서 실제 물성을 다루지 않기 때문이다. 건축 설계는 지극히 가상성과의 상호작용을 중심으로 전개되는 프로세스이다. 물성이 중요하지 않다는 것은 아니다. 물성의 근원지는 건물이지, 도면이나 심상이 아니다. 궁극적으로 그러한 물성을 객관적으로 다루고 '하나의 완결된 건축물'에 포함할 수 있는 도구야말로 건축가에게 필요한 절대 도구가 될 것이다. 현시점에서는 주어진 도구를 마치 강철 검처럼 다루고 배우는 우를 범하지 말아야 한다. 어느 건축가의 표현처럼 '건축은 꿈을 그리는 캔버스'이다.[12] 꿈을 경험하게 하고 감동을 선사하는 것은 늘 건축가의 몫이다.

1 시미타르(Scimitar) 혹은 시미타(Scimitar)는 만곡도, 샴쉬르(Samshir) 또는 몽골 신월도(新月刀)라 불리며 뜻은 '사자의 꼬리'이다. 몽골, 페르시아에서 발명되었다. 출처: 위키피디아

2 묠니르(Mjöllnir [ˈmjɒlntər])는 노르드 신화의 천둥 신 토르의 망치이다. 묠니르는 산을 평지로 만들 수 있는, 노르드 신화에서 가장 무시무시한 무기 중 하나이다. 출처: 위키피디아

3 출처: 위키피디아

4 출처: 위키피디아

5 Deflection shooting, 예측 사격은 목표가 움직일 곳에 미리 조준하여 투사체가 목표를 꿰뚫도록 하는 조준법이다. 짧은 거리 안에서는 화기를 사용할 때 대개 예측이 불필요하지만, 화살과 같은 저속 투사체를 사용하는 무기나, 탄환이 목표에 도달하기까지 몇 초 이상이 소요되는 사격에 필요한 기술이다. 출처: 위키피디아

6 니콜라스 카, 『유리 감옥: 생각을 통제하는 거대한 힘』, 이진원 옮김(한국경제신문출판, 2014)

7 앙투안 드 생텍쥐페리, 『인간의 대지』, 김윤진 옮김(시공사, 2014)

8 DeLanda, Manuel. 2001. 'Philosophies of Design: The Case of Modeling Software', Alejandro Zaera-Polo and Jorge Wagensberg(eds.), Verb: Architecture Boogazine, Actar(Barcelona), 139

9 린 스타트업은 때로 린 사고방식(Lean Thinking)을 창업 프로세스에 적용한 것으로 설명되기도 한다. 린 사고방식의 핵심은 낭비를 줄이는 것이다. 린 스타트업 프로세스는 고객 개발(Customer Development)을 사용하여, 실제 고객과 접촉하는 빈도를 높여서 낭비를 줄인다. 이를 통해 시장에 대한 잘못된 가정을 최대한 빨리 검증하고 회피한다. 이 방식은 역사적인 기업가들의 전략을 발전시킨 것이다. 시장에 대한 가정들을 검증하기 위한 작업들을 줄이고, 시장 선도력(market traction)을 가지는 비즈니스를 찾는 데 걸리는 시간을 줄인다. 출처: 위키피디아

10 영화, Copying Beethoven(2006)

11 나성인, 베토벤 현악 사중주(풍월당, 2020)

12 Bjarke Ingels, Architecture should be more like Minecraft. 출처: https://www.youtube.com/watch?v=clslKv1lFZw

1. 디지털 이미징

로버트 카파 Robert Capa 는 스페인 내전을 취재하기 시작한 해인 1936년에 공화파 알코이 민병대원 페데리코 가르시아 Federico Borrell García 의 전사 장면을 촬영하여 사진작가로서 큰 명성을 얻었다. 이 사진은 포토저널리즘에서 기념비적인 작품으로 평가받는다. "만약 당신의 사진이 마음에 들지 않는다면, 그것은 당신이 충분히 다가가지 않았기 때문이다."라는 그의 말처럼 이 사진은 병사의 죽음의 순간을 생생히 전달한다.

"사진 찍기는 숨을 참는 것이다. 그 순간 모든 기능을 집중해 언제 사라질지 모를 리얼리티를 포착한다. 정확하게 그때가 이미지 하나를 완성함으로써 몸과 마음에 엄청난 희열을 주는 순간이다."[1]

앙리 까르띠에 브레송 Henry Cartier Bresson 의 명언처럼 한 장의 사진을 얻기 위하여 작가는 오랜 시간을 기다리고 결정적 순간에 셔터를 눌러야 한다. 스마트폰의 인공지능 카메라가 초보자도 멋진 사진을 쉽게 찍게 해주는 현재에도 사진 찍기에 대한 브레송의 정의는 여전히 유효할 것이다.

일부 작가들은 아직도 사용하지만 필름 카메라의 시대는 지나간 것이 사실이다. 훌륭한 예술작품은 그것이 사진이든 건축이든 영감과 노력, 그리고 결정적 시기가 필요하다. 필름의 가격이 만만치 않던 시절, 건축 사진 촬영은 나름 신중한 결정을 해야 하는 작업이었다. 즉흥적으로 촬영을 한다는 것은 일종의 모험이었고 대개, 건물 전체의 모습을 정돈된 프레임에 넣어서 '경제적인' 사진을 찍었다. 모

Fig. 1 병사의 죽음, 로버트 카파.

든 기술이 그러하듯 초창기의 기술은 굉장히 비싼 법이다. 얼리어댑터가 치르는 프리미엄이 아니라 그것이 기술의 특성이다. 신기술이 나오고 경쟁력이 없어지면 퇴락하지만, 결국 사치품으로 부활한다. 콤팩트디스크CD는 가난한 대중이 하이파이를 즐길 기회를 제공한 신기술이었다. 비닐 디스크LP는 오래전 수명을 다하고 한동안 사라졌지만 부활했고 특별한 취향을 가진 사람의 고가 사치품처럼 취급된다. 스트리밍 오디오가 무손실 음원을 지원하는 요즘, CD조차도 비슷한 취급을 받는다. 즉, 비싼 돈을 낼 용의가 있는 애호가를 위한 기호품이 된 것이다.

필름이라는 자원의 유한성은 결국 창발성을 제한하는 결정적인 요소였다. 또한 사진의 제작과정 전체에 관여할 수 있는 것은 전문가에게만 국한된 일이었다. 필름의 현상과 사진 인화에 촬영자가 관여할 수 없었다. 대개 현상을 맡기면서 촬영자가 할 수 있는 개입은 "잘 뽑아주세요."와 같은 사회적인 멘트이고 때에 따라서 노출을 좀 더 세게 해달라는 준기술적인, 그리고 주관적인 주문이었다. 더 정량적인 관여는 사람의 숫자에 따라서 사진을 뽑아달라는 주문 정도였다.

물론 사람의 숫자에 인화지 출력 매수를 맞추는 것은 어디까지나 수작업에 의한 것으로 그것이 정확히 수행되는 것은 어디까지나 사진관 주인의 능력에 달려있었다고 할 것이다. 필름 카메라의 경우 뷰파인더를 통해 본 피사체와 풍경은 촬영자가 상상하는 이상적인 이미지Ideal Image로 자리 잡는다. 촬영자는 뷰파인더를 통해 포착한 그 순간의 이미지가 그대로 인화되어 나올 것으로 기대하지만 결과물은 항상 기대와 어긋난다. 인화된 사진은 촬영 기술의 부족으로 초점이 맞지 않거나 노출이나 명암 대비가 적절하지 않은 것은 다반사이다. 대개 구도나, 심지어 수평도 맞지 않아서 촬영자가 상상한 이미지와는 거리가 멀다. 다음번 사진은 잘 찍어야겠다고 다짐하지만, 결과는 대동소이하다. 경험과 노하우가 쌓이면 상상하는 이미지와 인화된 사진 속 이미지와의 차이는 줄어들 것이다. 성공의 가능성은 촬영자의 재능과 노력에 따라 큰 차이가 날 것이며 그러한 간극을 0으로 수렴할 수 있는 사람을 훌륭한 사진작가라고 할 것이다.

필름 카메라 시대의 '사진 촬영과 인화'라는 상황에서 촬영자를 건축가로, 사진관 주인을 시공자로 치환해보면 디지털 시대 이전의 건축 설계 및 생산 프로세스와 크게 다르지 않음을 알 수 있다. 건축가가 설계과정에서 상상하는 이상적인 건축물과 설계의 실제 결과물

잠시 샛길 6

만약 당신이 진정한 예술이나 문학을 원한다면 그리스 사람이 쓴 책을 읽으면 된다. 참다운 예술이 탄생하기 위해서는 노예제도가 꼭 필요하기 때문이다. 고대 그리스에서는 노예가 밭을 갈고 식사를 준비하고 배를 젓는 동안, 시민은 지중해의 태양 아래서 시작詩作에 전념하고 수학과 씨름했다. 예술이란 그런 것이다. 모두가 잠든 새벽 세 시에 부엌의 냉장고를 뒤지는 사람은 이 정도의 글밖에는 쓸 수 없다. 그게 바로 나다.
– 무라카미 하루키, 『바람의 노래를 들어라』

바흐, 무반주 첼로 모음곡 1번 중 프렐류드.
Ophélie Gaillard

간의 차이, 그리고 그것이 시공과정에서 변형되는 과정, 그리고 그러한 생산 프로세스에 건축가가 제대로 관여할 수 없는 예전의 상황과 크게 다를 바가 없다. 그리고 관여의 방식은 "정량적"이거나 "객관적"이기보다는 "관례적"이고 "추상적"이며 "주관적"인 경우가 허다했다.

디지털카메라는 이러한 사진 촬영의 방식에 큰 변화를 가져온다. 저렴하면서 융통성이 풍부한 디지털 매체는 사진 한 장을 찍기 위해 신중을 기하는 방식에서 촬영자를 해방한다. 셔터를 누르기 전에 구도와 이미지의 디테일을 결정하는 것이 아니라 일단 셔터를 눌러서 나오는 이미지 중에서 의외로 잘 나온 이미지를 고르면 되는 것이다. 디지털카메라 자체가 훌륭한 사진을 보장하지는 않지만, 매체의 유연성은 융단폭격식의 사진 촬영을 가능하게 만들었다. 자원의 유한성에서 해방되면 촬영자는 자유롭게 다양한 시도를 하게 되고 때에 따라서는 예상치 못하던, 평소 자신의 사진 촬영 실력으로는 기대하지 못하던 작품성의 이미지를 만들어내기도 한다. 이 경우에도 뷰파인더를 통해 보면서 촬영자가 상상하는 이미지가 그대로 사진으로 나오지는 않는다. 초점, 구도, 조리개, 시간 등의 파라미터를 조절하지 않는 한 아무리 찍어봐야 좋은 사진이 나올 확률은 거의 제로에 가깝다. 따라서 의외의 샷을 건지는 것으로 만족해야 한다. 이것은 소위 센서의 크기나 카메라의 물리적 성능으로는 극복되지 않는 사진 찍기의 본질적인 속성이다. 즉, 도구 자체가 훌륭한 작품을 보장하지는 않는 것이다.

초기 디지털 건축도 디지털 매체의 유연성 혹은 비물질성에 매료

되었으며, 그로 인해 가질 수 있는 역동성과 무한 생성 능력을 가미한 새로운 건축을 제시하고자 하였다. 소위 디지털 건축가들은 컴퓨터의 강력한 데이터 프로세싱 능력에 힘입어 전통적인 조형 프로세스와는 유리되었던 다양한 참조물에서 형태 미학을 끌어온다. 주체로서의 인간을 배제하고 데이터 소스와 구동 알고리즘에 의해 생성, 변환되는 역동적인 패턴의 찰나들을 새로운 종류의 건축으로 제시하고 있으며 이것이 은연중에 비치는 포스트 휴머니즘의 그림자에 호소한다. 이런 건축들은 현란한 어휘만큼 신빙성이 있어 보이지는 않는다. 이것은 본질에서 믹서기와 같은 건축이다. 재료를 부어 넣으면 어떤 결과가 나올지는 모르지만, 간혹 아름답거나 특이한 결과가 나온다.

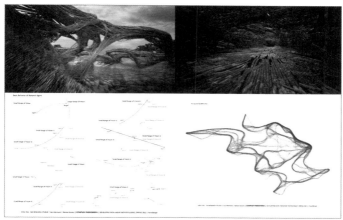

Fig. 2 초기 디지털 건축은 디지털 매체의 유연성 혹은 비물질성에 매료되었으며, 그로 인해 가질 수 있는 역동성과 무한 생성 능력을 가미한 새로운 건축을 제시하고자 하였다. Bamboo Bridge (Univ. of Pennsylvania, Design Studio Project 2011), 이미지 제공: 정보린(현 KCB 전략사업본부 책임 컨설턴트)

이러한 시도는 대개 실험적이거나 단순히 탐미적이었으며 실제 건축과의 괴리도 컸다. 또한 애니메이션이나 알고리즘에 의한 형태 생성이, 초기에는 무한히 새로운 형태 언어를 제시하는 것처럼 보였어도 어느덧 그것은 결국 뻔한 결과물로 수렴되는 한계를 보여줬다.

혼히 포토샵Photoshop으로 통칭하는 디지털 이미징 기술의 대중화는 후보정이라고 하는 요소를 이러한 프로세스에 등장시켰고 노출이나 색상과 같은 핵심적인 이미지 파라미터를 보정하여 이미 촬영한 사진의 품질을 높일 수 있게 되었다. 또한 픽셀 단위의 보정과 필터 효과들을 적용하여 사진의 유용성을 높일 뿐만 아니라 심지어는 감쪽같이 원본 사진을 수정하여 사진에 담긴 진실을 왜곡할 수도 있다.[2]

최신 미러리스 디지털카메라에 장착된 일렉트로닉 뷰파인더 Electronic View Finder: EVF는 이러한 프로세스에 또다시 변혁을 가져온다. 일렉트로닉 뷰파인더는 '보이는 것이 얻게 될 이미지What You See Is What You Get: WYSIWYG'라는 패러다임을 제시한다. 광학적 뷰파인더와 이미지 센서가 분리된 기존 DSLRDigital Single Reflex Camera과는 달리

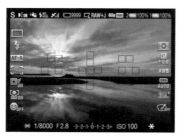

ELECTRONIC VIEW FINDER

ONE OF THE BIGGEST ADVANTAGES IS THAT YOU VISUALIZE DIRECTLY IN YOUR VIEWFINDER HOW THE IMAGE WILL END UP. YOU DON'T HAVE TO VERIFY IT ALL THE TIME, YOU'RE MORE CONFIDENT IN YOUR SETTINGS, YOU SAVE A LOT OF TIME! AS YOU CAN SEE WHAT YOUR PICTURE WILL EXACTLY BE LIKE, IT IS A SORT OF LIVE-VIEW, YOU CAN ALSO USE THE FOCUS PEAKING FEATURE WHICH IS A HUGE IMPROVEMENT, ESPECIALLY IN MACRO AND MORE GENERALLY FOR MANUAL LENSES, OR JUST THOSE WHO LIKE TO MANUALLY FOCUS ON THEIR TARGETS.

Fig. 3 미러리스 카메라의 Electronic View Finder. 저자 합성 이미지

미러리스 카메라의 일렉트로닉 뷰파인더를 통해 촬영자가 보는 이미지는 이미 센서에 의해서 감지되고 이미지 프로세서에 의해 가공된 이미지이다. 촬영자가 조절하는 이미지 파라미터는 즉시 이미지 프로세서에서 가공되어 뷰파인더에 나타나므로 촬영자는 셔터를 누르기 전에 이미 어떠한 이미지를 얻을 것인지를 정확히 예측, 즉 미리보기를 할 수 있다. 촬영자는 비로소 착상과 슈팅 Shooting 을 넘어서 사진 제작 프로세스 전체에 대한 통제권을 가지게 된다.

2. 파라메트릭 디자인의 시대

"부분과 부분 간의 관계, 그리고 그 부분이 전체와 이루는 조화로 만들어진 형태에서 아름다움이 탄생한다. 그렇게 구조는 전체로서 완전한 몸체가 된다. 각각의 부재들이 서로 화답하여 의도한 형태를 구성하는 필수 불가결의 요소가 되는 것이다."

"BEAUTY will result from the form and correspondence of the whole, with respect to the several parts, of the parts with regard to each other, and of these again to the whole; that the structure may appear an entire and complete body, wherein each member agrees with the other, and all necessary to compose what you intend to form."

- Andrea Palladio, The Four Books of Architecture

창의적인 설계자가 새로운 미디어를 만나면 전대미문의 도구가 탄생하고 그로부터 파생되는 것은 새로운 유형의 형태와 공간, 혹은 혁신적인 공간 프로그램이다. 대개의 문제는 이러한 가능성을 이해하지 못하고 새로운 도구를 종래의 도구와 같은 방식으로 다루고 예전과 동일한 결과 Event 가 일어나기를 기대하는 것이다. 전동 드릴을 석기시대 원시인에게 쥐여줬을 때 그는 드릴을 돌도끼처럼 목재에 내려칠 가능성이 크다. 나심 탈레브에 의하면 바퀴가 발명되고 나서 그것이 여행용 가방에 부착되기까지 6,000년이 걸렸다. "우리가 절반은 발견되었다고 여기는 것들이 있는데, 이처럼 절반이 발견된 것을 발견된 것으로 가져가는 작업이 많은 경우 진정한 발전이 이루어진

Fig. 4 자하 하디드에게 파라메트릭 디자인 기법이나 디지털 패브리케이션 기술과의 만남은 '건축'과
결별했던 그가 '건축'과 다시 만나는 계기를 마련해준다. Heydar Aliev Cultural Center (Baku,
Azerbaijan). 이미지 출처: Unsplash

다. 때로는 발견된 것을 가지고 오직 상상력을 가지고 무엇을 할 것
인지 생각해내기 위한 안목이 필요하다."³

　　디지털 도구를 기존의 설계 도구와 다르게 사용하면서, 그것이 혁
신적인 건축을 창출하는 과정에서 건축가가 설계 프로세스에 이성적
으로 개입하는 설계 방식을 자하 하디드 Zaha Hadid 의 작업에서 찾아
볼 수 있다. 90년대 이전까지 그의 상상력은 건축적 현실과 직접 대
면하고 있지 않을뿐더러 심지어는 건축 재료를 다루는 도구와도 직

접적인 관계를 맺지 않고 있었다. 그러나 하디드에게 파라메트릭 디자인 기법이나 디지털 패브리케이션 기술과의 만남은 '건축'과 결별했던 그가 '건축'과 다시 만나는 계기를 마련해준다.

자하 하디드는 곡선의 여왕, 혹은 파라메트릭 디자인의 여제로 불렸다. 외계인에게서나 건축을 배운 듯한 경이롭고 감각적인 형상은 새로운 국제주의 양식으로 자리매김하였다. 여성들의 명품 핸드백처럼 세계의 주요 대도시는 자하 하디드의 건물 하나쯤은 가져야 면목이 선다. 파라메트릭 디자인이 어느새 비정형 설계와 동일한 용어로 취급받지만, 갑자기 '파라메트릭 디자인이 무엇이냐.'는 질문을 받으면 쉽게 한마디로 설명하기 힘든 복잡성과 유구한 역사가 있다.

파라메트릭 디자인은 원형 Type 과 개체 Instance 라는 객체 지향적 Object-Oriented 원리에 기초를 두고 있다. 유사한 사물 간에 특정한 디테일의 차이가 사라지면 공통된 특성만 남게 되는데 이를 원형이라고 한다. 집안의 친척들이 서로 닮은 것은 서로가 공유하는 공통된 특성이 있기 때문이다. 이들이 나이가 들면 형제 사촌은 물론 세대 간에도 구별이 어려울 정도로 닮은 현상이 나타나는데 이는 노화와 함께 디테일이 무디어지면서 DNA로 유전된 공통 특성만 남게 되기 때문이다. 그 집안의 원형이라는 것이 존재한다.

고령의 노인들은 친척이 아니라도 그분이 그분 같아진다. 심지어는 남녀 구분도 의미 없는 경우를 흔히 본다. 이는 인류 공통의 특성만 남고 나머지의 디테일이 사라지기 때문이다. 친척을 특징짓는 특성은 눈, 코, 입이 얼굴의 어느 부분에 어떤 각도, 어떤 간격으로 서로 관계를 맺는지가 DNA에 정의되어있는데, 변형이 가능한 범위 내에서 개별적 특성의 차이에 의해 개인 특성이 나타나는 것이다. 형제자매는 어머니나 아버지라는 원형에서 눈, 코, 입이나 키, 피부결 등이 조금씩 달라져서 서로 구별된다. 형제자매는 각각의 개체이고 부모도 각각의 개체이다. 그들의 공통된 원형은 "인간"이다. 개체 Instance 는 실제로 세상에 존재하면서 개별적 특성을 가지는 동시에 원형의 공통 특성을 상속받는다. 인간이라고 하는 원형은 추상적 개념으로서 실제로 세상에 존재하는 것은 홍길동이라는 이름을 가지는 개체이다. 집이나 아파트라는 것은 집합적인 개념인 동시에, 집이라면 당연히 가져야 할 속성이나 특성이 정의된 원형이다. 실제로 지어진 특정 건축물, 즉 개체는 그러한 특성의 범위 내에서 만들어진 것이다. 그러한 범위를 벗어나거나 필수 속성이 빠지면 집의 범주에 들어갈 수 없다. 집이 아닌 시설물이나 조각 Sculpture 이 되어버리는 것이다.

건축 유형학 Typology 에서 다루는 원형 Archetype 은 조금 다른 개념으로서 집단기억에 기반하여 건축가의 심상에 존재하는 건축 형태를 뜻한다. 건축 분야에서 원형은 특별한 설계 문제에 대한 해결책 Solution 으로서 오랜 반복으로 정의된 유형이기도 하다. 이를 설계 유형, 혹은 디자인 프로토타입[4]이라고도 한다. 대부분의 설계는 처음부터 완전히 새롭게 시작하는 것이 아니라 디자인 프로토타입을 근간으로 이루어지며, 당면한 설계 문제에 대해 그것이 가지는 개별적인 파라미터를 조정함으로써 새로운 디자인이 탄생한다는 것은 고전적인 이론이다. 이러한 대장장이와 같은 장인으로부터 복잡한 설계를

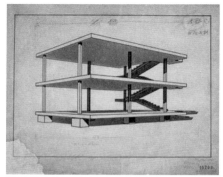

Fig. 5 Domino House.

하는 건축가에 이르기까지 모두 나름의 디자인 프로토타입을 가지고 있다. 그것이 형식화되지 않았을 때 제삼자가 보기에는 그저 내공이나 일머리처럼 보일 수 있다. 때에 따라서는 템플릿 Template 이라고 하기도 한다. 이러한 디자인 프로토타입은 구체적인 설계 지식이 컴퓨터 프로그램으로 규칙화되어 있을 때 강력한 힘을 발휘한다.

언어의 삶을 랑그 Langue 와 빠롤 Parole 의 상호 관계로 설명하는 구조주의 관점과 마찬가지로, 디자인 프로토타입은 하루아침에 갑자기 만들어지지 않는다. 기존 프로토타입에 기반한 개체들에서 파라미터의 범위를 벗어나는 변형이 반복되고 그에 따른 인식적, 실용적 변화가 기존의 프로토타입이 수용할 수 있는 임계치를 넘었을 때 새로운 프로토타입의 필요성이 생겨나는 것이다. 이는 개별적인 건축가들의 거듭된 실험적 시도를 통해서 촉발되기도 하지만, 기술적 발전이 뒷받침하기도 한다. 현대 건축에서 유리나 철 그리고 철근콘크리트가 그러한 역할을 한 대표적인 사례이다. 현대 건축의 가장 대표적인 디자인 프로토타입은 '도미노 주택'일 것이다. 이는 구조에 종속되었던 외피를 분리하여 근대 건축의 내골격적 Endoskeleton 시스템을 확립했다. 현대 건축에서 도입되는 혁신적인 재료 기술은 근대 건축에서 고착된 구조와 외피의 이분법적 분리를 와해하고 외골격적 Exoskeleton 시스템을 주요한 건축 양식으로 복권한다. 이는 근대 이전의 건축에서 비내력벽만 창호와 개구부를 만들 수 있어서 입면이 한정되었던 것과 달리, 제약을 받지 않는 구조 시스템이 가능하기 때문이다. 3D 프린팅을 핵심으로 하는 디지털 패브리케이션 기술의 발전은 자연이라는 교과서에 귀의하고자 하는 건축의 궁극적 욕망을 현실화한다. 디지털 패브리케이션 기술의 발전 덕분에 생체모방 Bio-mimetic 건축

Fig. 6 파라메트릭 디자인은 원형(Type)과 개체(Instance)라는 객체 지향적(Object-Oriented) 원리에 기초를 두고 있다. 유사한 사물 간에 특정한 디테일의 차이가 사라지면 공통된 특성만 남게 되는데 이를 원형이라고 한다. 저자 촬영

이 건축가의 기괴한 상상력의 영역을 벗어나 구체적으로 실현이 가능한 양식이 되면서 새로운 디자인 프로토타입들이 탄생할 수 있게 되었다. 따라서 과거의 건축가들이 자연의 모방을 통해서 가상의 존재, 즉 건축의 신에 접근하려 했지만, 현대의 건축가들은 가상의 도구를 이용하여 자연에 다시 접근한다. 파라메트릭 설계 도구는 원형과 개체, 그리고 그것들의 진화 원리를 알고리즘으로 구현한 "가상의 자연"을 품고 있다. 이러한 가상성과 건축가의 천재성이 만났을 때 절대 도구가 탄생한다.

건축물이라는 클래스

40대 이전까지 계속 지속해서 하던 일 중에 후회막급은 코딩하느라 낭비한 시간이다. 학위 받고 나서는 코딩을 그만했어야 한다. 심지어는 아침에 기상해서 바로 코딩에 몰입하다가 허리를 삐끗해서 며칠을 기어 다닌 적도 가끔 있었다. 나이 들어선 책 읽고 음악 듣고 명상을 해야 한다. 그러나 20대에 머리에 연기가 나도록 했던 프로그래밍은 나름 인생에서 중요한 역할을 했으며 특히 객체 지향적 Object-Oriented 인 사고로 자료와 현상을 분석하고 개념화하는 것은 여전히 유효한 방법이다.

객체 지향의 세계에선 모든 것들 Things 이 객체 Object 이다.

사람도, 고양이도, 자동차도, 국가도, 사랑도 … 클래스는 객체를 정의하는 방법이다.

자동차라고 하는 클래스는 '탈 것'이라고 하는 클래스의 하위 클래스로 엔진, 바퀴, 문짝 등의 오브젝트로 구성된 Composition 것이며, 엔진이나 바퀴 등은 역시 그것들의 하위 부품들로 구성된 위계 Composition Hierarchy 를 가진다. 세상의 사물은 모두 이러한 상속성 Inheritance: is-a relation 과 구성체계 Composition: has-a relation 로 설명된다.

클래스는 속성 Property 을 가진다. 즉 자동차의 색상, 제작 연도 또는 현재 속도는 속성에 해당하며 이를 변수 Variable 로 정의한다. 또한 클래스는 고유의 행위 Behavior 를 가지며 그것을 함수 Method 또는 Function 로 정의한다. 자동차 오브젝트는 속도를 올리거나 내리는, 혹은 시동을 걸거나 정지하는 행위들을 함수 호출을 통해서 수행한다. 그리고 이러한 행위는 그 오브젝트를 구성하는 하위 오브젝트들의 상호 작용과 협업으로 이뤄진다.

더 추상적인 개념도 마찬가지이다. 예를 들어 '아쉬움'이라고 하는 개념을 클래스로 표현하자면 그것이 가질 수 있는 함수는 '남는다'이다. 아쉬움 오브젝트에 '채우다' 함수를 호출하면 아쉬움은 채워질 수 없는 것이므로, 혹은 그런 함수가 정의되어있지 않으므로 에러를 만든다. 에러 메시지는 '색불이 공 공불이색 색즉시공 공즉시색 色不異空 空不異色 色卽是空 空卽是色' 이다. 좀 더 껄끄러운 주제를 OOP적으로 설명하자면 '적폐' 라고 하는 클래스에는 '쌓인다'라는 함수만 정의되어있지 '청 산하다'라는 함수는 정의되어 있지 않다. 그리고 이 클래스는 프로그램을 새로 짜더라도 표준 라이브러리에 들어있고, 아 무도 그 함수를 호출하지 않아도 가비지 Garbage 처럼 메모리 를 잡아먹는다.

건축물이라고 하는 클래스도 그 유형에 따라 하위 클래스 로 분류되고 각 건물 유형 클래스는 그에 맞는 속성과 함수 를 가진다. 건물도, 건물을 구성하는 기둥이나 벽체도, 그리 고 건물을 설계하는 워크플로우나 설계 전략도 클래스로 표 현 또는 구현될 수 있다. BIM 초기 단계에선 건축 컴포넌트 의 파라메트릭 클래스를 구현하는 수준이지만 결국 건축물의 유형이나 설계 전략도 클래스로 구현될 수 있다. 레빗 Revit 식 으로 표현하자면, 초보적인 단계에선 패밀리 Family 를 정의해 서 라이브러리를 구축하지만, 점점 적응형 컴포넌트 Adaptive Component 를 구현하여 인텔리전스를 부여한다. 결국 도서관, 스포츠시설, 오피스 빌딩과 같은 건물 프로젝트 전체를 패밀 리로 만들 수 있으며, 특정 건축가의 설계 전략이 알고리즘으로 내재한 디자인 클래스Design Class를 만들 수 있다.

속성 혹은 파라미터의 조정에 따라서 각각의 건축물은 다양한 특성을 가지게 되고 속성의 변화에 대한 요구를 현재 클래스가 더는 기능적으로 혹은, 시대적 요구를 수용할 수 없을 때 새로운 클래스를 만들어야 한다. 이를 객체 지향 시스템에선 클래스 진화Class Evolution라고 하며 건축에선 "새로운 유형"이 탄생하는 시점이다.

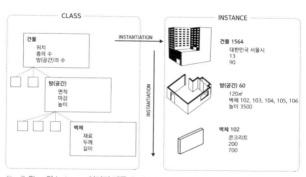

Fig. 7 Class와 Instance, 이미지 제공: Design Informatics Group, SKKU / 작성: 양승원

파라메트릭 디자인은 설계의 원형과 변종Types and Instances이라는 틀에서 어떤 설계 문제에 대응하는 부재나 공간의 형상 원리와 상호 관계를 정의하는 것이다. 즉, 어떤 형상을 직접 만드는 것이 아니라 형상의 원리를 입력하는 것이다. 이렇게 설계한다는 것은 어떤 부

재나 공간의 치수나 크기, 수량이 하나의 결과적 형상으로 한정되는 것이 아니고 그것이 대지나 환경, 다른 부재나 공간과 어떠한 원리로 구성되는지에 대한 관계식을 컴퓨터가 이해할 수 있게 표현하는 것이다. 따라서 다른 하나의 요소에 변경이 발생하더라도 전체를 다시 작성하는 것이 아니라 그 변화가 전체 시스템에 자동으로 파급 확산 Propagation 하는 것이다. 역으로 상위 시스템의 변화는 모든 하위 시스템에 파급된다. 창호 하나의 치수나 위치, 혹은 창문의 종류가 바뀌면, 그 부분만 수정하면 될 것 같지만, 건물을 하나의 생명체로 봤을 때 그 건물은 더는 그 전의 건물과 같지 않다. 그것은 다른 건물이다. 마찬가지로 어떤 건물의 전체 매스의 형상에 변화가 생긴다면, 혹은 건물의 구조 시스템을 바꾼다면, 그것은 그 건물을 구성하는 창호 하나, 문짝 하나에도 영향을 미친다. 파라메트릭 디자인은 설계의 결과물인 건물의 표현물, 즉 도면을 작성하는 것이 아니라, 건물의 디자인 원리를 입력하는 것이다. 즉, 매스의 형상과 관계없이 일정한 건폐율과 용적률을 유지해야 한다든지, 어떤 건물이 다른 건물 매스에 대해 항상 일정한 각도를 유지해야 한다든지, 건물의 창호가 어떤 특정 벽체의 크기에 비례하여 특별한 위치를 점해야 한다든지, 벽 면적에 대해 창호의 면적을 일정한 비례로 유지해야 한다든지, 건물의 향과 관계없이 지붕은 일정한 물매의 범위를 유지하고, 지붕에 설치된 태양광 패널은 일정량의 전력을 생산해야 한다든지 하는 규칙이다. 건물은 구성 요소와 그것들의 관계로 이루어진 하나의 시스템이 된다.

이렇게 시스템 System 을 결정짓는 관계 Relation 와 제약 조건

Fig. 8 가우디의 현수곡선 모델.

Constraints 이 속성으로 내재하여 있고, 파라미터를 조절하여 그 시스템이 허락하는 범위 내에서 무한한 이종 변형 Variations 을 자동으로 생성할 수 있다는 것이 파라메트릭 디자인의 원리이다. 파라메트릭 디자인이 꼭 디지털 도구에 의해서만 이뤄지는 것은 아니다. 가우디 Gaudi 는 구엘 교회의 볼트 Vault 를 설계하기 위하여 무수한 모래주머니를 절점마다 매단 현수선들을 이용하였다. 그가 원하는 자연의 신에 접근하기 위하여 작은 모래주머니들을 옮겨 달아 보면서 그로부터 만들어지는 최적의 현수곡선의 거울상을 설계에 응용하였다는 것은 너무나 유명한 이야기이다. 그러나 파라메트릭 디자인은 현대 컴퓨팅 기술의 발전에 의해선 본격적인 힘을 발하게 된다. 프라이 오토 Frei Otto 는 컴퓨터 기술 발전 초기를 대표하는 파라메트릭 디자인을 탐구한 대표적인 건축가이다.

파라메트릭 디자인은 비정형 설계, 특히 대규모 프로젝트일수록 그 진가를 발휘하기 마련이다. 설계의 전 과정에 얼마나 무수한 변경이 필요한지를 고려해보자. 그리고 그러한 변경에 대응하여 자동으

Fig. 9 프라이 오토는 컴퓨터 기술 발전 초기를 대표하는 파라메트릭 디자인을 탐구한 대표적인 건축가이다. 뮌헨 올림픽 파크.

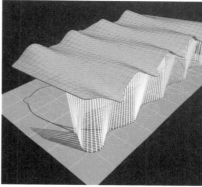

Fig. 10 디지털 기술의 지원을 받지 않았던 시절, 비정형 설계는 기술적인 제약으로 인해서 물리적으로 구현될 수 있는 변종의 범위가 한정되어 있었다. 과거의 기술과 현대의 기술이 공존하는 가우디의 사그라다 파밀리아 공사 현장과 건물 지하에 위치한 랩(Lab)에 전시된 파라메트릭 모델링 이미지(2013), 저자 촬영

로 설계의 모든 데이터가 업데이트되는 설계물이 제공하는 생산성을 가늠해보자. 파라메트릭 디자인 시스템은 어떤 설계 문제에 대한 형상적 해법이 설계 지식으로서 인코딩 Encoding 되어 있기 때문에 유사한 문제에 대해서도 파라미터의 변경으로 쉽게 재사용이 가능하다. 이렇게 양산된 변종들은 동종 유사의 성격을 가지고 공통된 원형을 조상으로 가지는 개체들이 된다. NURBS와 고성능 솔리드 엔진의 지원을 받지 않는 과거의 파라메트릭 디자인은 변종 간의 유사성을 식별하기가 쉬웠다. 즉 기술적인 제약으로 인해서 물리적으로 구현될 수 있는 변종의 범위가 한정되어 있었다. 그러나 최근 파라메트릭 디자인 기술의 발전은 파라메트릭 변종의 유사성 인지가 어려울 정도로 디테일 수준에서의 변종 양산이 가능하다. 3D 프린팅과 CNC 가

공으로 구성되는 디지털 패브리케이션은 생산단계에서 이러한 변종 양산을 실질적으로 뒷받침하는 기술이다.

디지털 설계에 의한 파라메트릭 디자인은 작게는 단위 부품, 커튼월 부재에서부터 건물의 구조, 그리고 구체적인 건물 시스템 전체로 지식화될 수 있다. 작은 단위에서는 이러한 설계 지식을 자동화에 연동하여 생산성을 높일 수 있을 것이고, 건축가의 건축 설계 수법이 지식기반 파라메트릭 시스템으로 만들어질 수도 있다. 따라서 건축가가 관여하지 않아도 다른 대지, 다른 조건의 프로젝트에서도 설계자동화가 가능할 것이다.

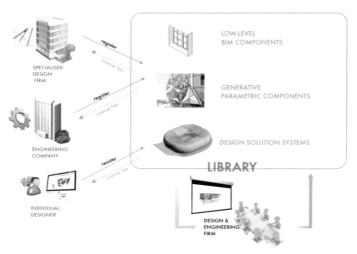

Fig. 11 파라메트릭 디자인의 발전 단계 개념도. 단순한 BIM 모델 라이브러리에서 지능형의 파라메트릭 컴포넌트, 그리고 건물 전체의 파라메트릭 디자인 시스템으로 제공될 수 있다. 이미지 제공: Design Informatics Group, SKKU

3. 형태에서 성능으로

우리 주변의 건축물을 살펴보자. 피라미드에서 유럽의 아름다운 성당에 이르기까지 이런 건축물들은 기하학적으로 정교하다. 따라서 우리는 피라미드와 같은 예외를 제외하고는 수학이 이런 아름다운 건축물을 만들어냈다는 주장에 속아 넘어가기 쉽다. 피라미드의 경우, 유클리드를 비롯한 고대 그리스 수학자들이 등장하고 난 후 수학이 발전했을 때보다 시기적으로 훨씬 앞서서 만들어졌다. 하지만 진실은 이렇다. 건축가들 혹은 우리가 장인이라고 부르는 사람들은 경험에 바탕을 둔 방법 또는 도구에 의존하지, 수학에 대해서는 잘 모른다. 중세 과학사를 연구하는 기 보쥬앙에 따르면, 13세기 이전 유럽 전역에서 나눗셈을 제대로 할 줄 아는 건축가가 겨우 5명밖에 되지 않았다고 한다. 수학적 정리도 없었고, 따라서 이에 대한 혐오감도 없었다. 그러나 당시 건축가들은 오늘날 우리가 사용하는 방정식을 모르고도 건축 재료의 저항을 따져볼줄 알았다. 그들이 건축한 건물들은 지금도 무너지지 않고 여전히 서 있다.

- 나심 니콜라스 탈레브, 『안티프래질』

현대 건축에서 파라메트릭 디자인은 대부분 비정형 설계와 동격으로 설명되지만 결국 파라메트릭 디자인의 잠재적 능력은 데이터에 의해 진행되는 성능 지향적 설계 Performance Oriented Design 에 있다. 성능 지향적 설계라는 어휘는 오해의 소지가 있지만 건축 설계의 의사 결정 과정에 있어서 건축가의 주관이나 취향, 혹은 추측이 아닌 데이터에 근거한 설계 Evidence-Based Design 를 한다는 것이다. 이는 물론 현재 빅데이터 분석 능력과 파라메트릭 디자인 기술 발전에 힘입은 바 크다. 파라메트릭 디자인은 형태의 문제에서 시작하지만, 성능의 문 제로 진화한다. 즉 파라미터의 범위는 단순히 형태를 결정짓는 것이 아니라 다양한 차원의 성능과 결부되어 유기적으로 움직일 수 있다.

전통적인 파라메트릭 디자인의 절차는 다음과 같다. 즉 파라메트 릭 디자인 시스템으로서의 설계안은 처음에는 그 형상이 어떠한 물 리적 성능을 발휘할 수 있을 것인지를 예측하기 위하여 시뮬레이션 도구에 형상 데이터를 전송하여 성능 시뮬레이션을 수행한 후 그 결 과에 따라 형상을 변경할 수 있다. 이때 설계자는 그 결과에 따라 형 상을 변경하며 파라메트릭 시스템은 그 변경이 전체적인 구조이든 부분적인 디테일이든 효율적인 작업을 가능하게 한다. 이론적으로 이러한 과정에서 설계안이 현재의 타입 범위 내에서 아무리 변형에 해도 더는 해결이 되지 않을 때는 새로운 파라메트릭 시스템을 설계 해야 할 것이다. 새로운 원형 Type 을 만드는 것이다. 그런데 이 설계 프로세스 모델은 성능과 형상이 파라메트릭 시스템으로 연결되었을 경우 강력한 능력을 갖추게 된다. 즉 설계자가 임의로 파라미터를 조 정하는 방식이 아니라 설계 시스템이 성능을 시뮬레이션하고 그에 따라 형상이 연동되어 반응하는 자기 진화적 시스템이다. 이러한 성 능 시뮬레이션과 형상 변동의 연동이 조직화하면 최적의 형상을 찾 아가는 자기 진화적인 시스템은 때에 따라 유전자 알고리즘과 결합 한 진화 시스템 Evolutionary Design System 이 될 수도 있고 기계학습과 같 은 인공지능을 이용한 시스템이 될 수도 있다.

궁극적으로 이러한 시스템이 차용된 설계환경은 형태의 "설계-성능 시뮬레이션-재설계"라는 사이클이 아니라 설계자가 원하는 성능에 따라 최적의 형태가 생성되는 시스템이 될 것이다. 예를 들면 어떤 파라메트릭 디자인에 의한 설계안이 있다고 할 때 일조 시뮬레이션을 거쳐서 충분한 일조량이 나오지 않을 경우를 보자. 첫 단계는 설계안을 다시 수정하여 일조 시뮬레이션을 수행하는 사이클이었다. 기계학습이나 진화 알고리즘이 결합한 시스템은 파라메트릭 시스템 타입에서 변형 가능한 설계안의 개체를 무한히 생성하면서 목표한 일조량에 적합한 최적안이 나올 때까지 파라메트릭 시스템의 조작이 자동으로 가해지는 단계이다.

이 시스템이 발전되면 그러한 프로세스는 설계 도구의 시스템 내부에서 수행되고 설계자는 그저 원하는 성능을 전자레인지 다루듯이 슬라이드 바를 조작하면 최적 형상이 그에 대응하여 생성되게 될 것

Fig. 12 파라메트릭 디자인은 형태의 문제에서 시작하지만, 성능의 문제로 진화한다. 즉 파라미터의 범위는 단순히 형태를 결정짓는 것이 아니라 다양한 차원의 성능과 결부되어 유기적으로 움직일 수 있다. 국립항공박물관 프로젝트. 이미지 제공: ㈜해안건축

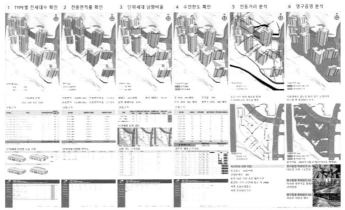

1 TYPE별 전세대수 확인　　2 전용면적율 확인　　3 단위세대 남향비율　　4 수인한도 확인　　5 이동거리 분석　　6 영구음영 분석

Fig. 13 다양한 성능 시뮬레이션을 통한 설계안의 수정과 검증은 BIM 기반 설계의 기본적인 프로세스가 되고 있다. 이미지 제공: 두올아키텍츠

이다. 비현실적인 이야기가 아니다. 지금의 BIM 설계도구나 파라메트릭 설계 도구의 기능들은 전혀 새로운 것들이 아니라 2~30년 전에도 이미 대학 연구실에서 제안되고 구현되었던 것들이었다. 다만 컴퓨터의 성능과 산업계의 수요가 뒷받침되지 않아서 상용화되지 않았을 뿐이다. 이제 이러한 시스템이 나오는 것은 시간문제일 뿐이다.

　　디지털 시대의 혁신적 설계자들이 보여주는 파라메트릭 디자인의 핵심은 설계의 논리가 건축물을 구성하는 물리적 요소들의 관계로 정의되고 그러한 관계를 유지하면서 파라미터 변수의 변경을 통해 무수한 변주곡을 만들어낼 수 있다는 데 있다. 이러한 변종들은 단순히 통제 불가능한, 때로는 유희적인 형태의 무한 생성이 아니라 디지털 시뮬레이션 Simulation 을 통한 최적의 형태 찾기 Form—Finding 의 과정에서 만들어지는 대안들이라는 것에 의의가 있다. 이러한 설계 프로세스는 컴퓨터가 어떤 미지의 알고리즘을 이용해서 자의적인 형태를 무한히 만들어내는 초기 디지털 건축의 경향과는 사뭇 다르다. 또한 초기 설계안이 점점 정밀도를 올리면서 내용을 구체화해가는 순차적인 설계 프로세스와도 결별한다. 새로운 디지털 건축 설계에서는 각각의 설계안들이 공통 요소를 공유하면서 다양한 변종을 체계적으로 만들고 관리한다. 설계가 본격적으로 진행되는 단계에 이르면 어떤 설계안의 디지털 모델 버전 Version 이 다른 버전에 선행하거나 후행하는 개념이 아니라, 버전의 그물망 네트워크 을 넘나들며 최적의 설계안

잠시 샛길 7

"음악은 과거를 내다보고 미래를 돌이켜본다. 화성의 순환이라는 선물 때문에 가능하다."

"Music forecasts the past, recalls the future. Now and then the difference falls away, and in one simple gift of circling sound, the ear solves the scrambled cryptogram."
- Richard Powers, Orfeo

건축도 마찬가지다. 건축의 미래는 원전에 접근하려는 노력이며 과거는 미래를 이미 품고 있다. 건축가가 표상의 유희를 벗어나 미래를 준비하는 지혜를 녹여 넣기 위해서 기술은 중요한 역할을 한다. 파라메트릭 디자인은 그저 비정형 설계 도구가 아니라 과거의 데이터를 기반으로 최적의 형태를 도출해내는 것이며, 동시에 미지의 형태에 숨어있을 과거의 기억을 들춰내는 도구이다.

바흐, 무반주 바이올린 파르티타 2번,
BWV 1004 중 샤콘느(Thomas Dunford에 의한 류트 편곡), Thomas Dunford

을 조합해나가는 비선형적 프로세스가 된다. 즉, 들뢰즈^{Deleuze}의 표현처럼 수직적 트리 ^{Tree} 구조가 아니라 네트워크형의 리좀 ^{Rhizome}적 구조가 된다.

성능과 결부된 파라메트릭 디자인 시스템이 설계자에게만 강력한 도구가 아니다. 이러한 시스템은 사용자에게도 과거에는 생각할 수 없었던 설계단계에서의 개입을 가능하게 한다. 가상현실 기술과 결합한 설계 프리뷰^{Preview} 환경에 참여한 사용자는 단지 내 산책로의 경관과 바람의 세기를 시각적으로 혹은 가상현실 기술이 지원하는 다차원적인^{Multi-Modal} 감각으로 경험하면서 설계안에 대한 의견을 바로 개진할 수 있을 것이다. 주거 단지 내 체력단련 시설의 거리 혹은 어린이집의 위치에 대해 가상현실 환경에 참여한 다수 참여자의 동선이나 간접적인 체감도를 측정함으로써 설계 개선에 필요한 객관적 데이터

Fig. 14 파라메트릭 디자인이 고도화된 디지털 건축 설계에서는 각각의 설계안들이 공통 요소를 공유하면서 다양한 변종을 체계적으로 만들고 관리한다. 어떤 모델의 버전(Version)이 다른 버전에 선행하거나 후행하는 개념이 아니라, 버전의 그물망을 넘나들며 최적의 설계안을 조합해나가는 비선형적 프로세스가 된다. 이미지 제공: Design Informatics Group, SKKU / 작성: 장도진

Fig. 15 종종 빌딩풍(Monroe Wind)은 예상하지 못한 문제를 야기한다. 가상현실 기술과 결합한 설계 프리뷰 환경에 참여한 사용자는 바람의 세기를 시각적으로 혹은 다차원적인 감각으로 경험하면서 설계안에 대한 의견을 바로 개진할 수 있을 것이다. 저자 촬영

를 제공해줄 것이다. 이는 전통적으로 설계자가 저지른 건축물 성능의 오류에 대해서 사용자가 적응하는 구조, 그리고 거주 후 평가POE라는 방식을 취해왔던 건축물 성능평가의 특성을 바꾸게 될 것이다.

어떤 의미에서 건축 설계는 과거에도 파라메트릭한 작업이었다. 다만 건축가들이 사용한 파라미터는 화학적인 파라미터였다고 할 수 있다. 좋은 건축물이 되기 위해서는 '영감, 노력, 장인정신, 철야 작업, 장소의 령 …과 같은 요소들을 투입하면 좋은 건축물이 나온다.'라는 식의 유사 종교적인 파라메트릭 디자인이다. 마치 훌륭한 건축가가 되기 위해선 학생 시절에 여행, 독서, 음주, 밤샘 작업, 좋은 스승, 쓰디쓴 경험 따위를 투입해야 한다는 것도 마찬가지의 화학적 파라메

트릭 설계 교육 시스템이다. 이는 사랑의 묘약을 만들기 위한 비방만큼이나 신비주의적이다.

디지털 도구의 발전 방향은 설계자의 역할을 장인 Craft man 에서 기획자 Composer 로, 제작자 Maker 에서 큐레이터 Curator 로 바꾸고 있다. 설계자는 심상에 존재하는 건축물을 사실적으로 묘사하기 위해 컴퓨터를 사용해왔지만, 사실적 묘사기술은 점점 통상적인 컴퓨터의 기능이 되고 있고, 설계자는 가능성을 실험하는 도구로 컴퓨터를 사용하게 된다. 디지털 도구의 잠재력은 형태 만들기 Form-Making 도구가 아니며 실험 Experimentation 도구이다. 디지털화는 감각성을 희생시키는 반면 실용성과 합리성을 가지는 것이다.

디지털 파라메트릭 디자인은 인공지능과 결합하여 건축 설계 자동화라는 멋진, 그러나 건축가들에게 꼭 반갑지만은 않은 미래를 제시한다. 이미 주택설계 자동화 시스템을 서비스하는 회사들이 나타나고 있다. 우수한 품질의 프리패브 시스템과 유통망이 결합하면 이는 적어도 주거 건축 시장에 혁신을 가져올 수 있다. 이러한 징후는 불행히도 건축계가 아닌 가구회사나 문구 유통업체에서 선도적으로 나타나고 있다. 이러한 소식은 그저 그런 실력으로 소위 집 장사 주택을 양산하던 일부 허가방들의 시대의 종언을 예고하고 있다. 그러나 이러한 시스템의 도래가 대다수의 창의적인 건축가들의 일자리를 빼앗지는 않을 것이다. 오히려 다양하고 고품질의 주택 상품 시대에 건축가가 지식 산업화한 건축 시장에서 더욱 다채롭게 활약하는 시대를 생각해볼 수도 있을 것이다.

1 Henri Cartier-Bresson, The Mind's Eye: Writings on Photography and Photographers, "To photograph is to hold one's breath, when all faculties converge to capture fleeting reality. It's at that precise moment that mastering an image becomes a great physical and intellectual joy."

2 이에 대한 통찰력 있는 논의는 William Mitchell의 The Reconfigured Eyes(MIT PRESS, 1993)를 살펴보길 권한다.

3 나심 니콜라스 탈레브, 『안티프래질: 불확실성과 충격을 성장으로 이끄는 힘』, 안세민 옮김(와이즈베리, 2013)

4 제품 설계의 프로토타입과는 다른 개념. 제품 설계에서 프로토타입(prototype)은 원래의 형태 또는 전형적인 예, 기초 또는 표준이다. 시제품이 나오기 전의 제품의 원형으로 개발 검증과 양산 검증을 거쳐야 시제품이 될 수 있다. 프로토타입은 '정보시스템의 미완성 버전 또는 중요한 기능들이 포함된 시스템의 초기모델'이다. 이 프로토타입은 사용자의 모든 요구사항이 정확하게 반영할 때까지 계속해서 개선/보완된다. 실제로 많은 애플리케이션이 지속적인 프로토타입의 확장과 보강을 통해 최종 설계가 승인된다. 출처: 위키피디아

건물
정보모델
Building
Information
Model

1. 디지털 재료

"벽돌아~ 벽돌아! 너는 무엇이 되고 싶니?"

"저는 아치가 되고 싶어요."

"음… 아치는 돈이 많이 들어. 그냥 위에다 콘크리트 인방을 만들
어주면 어떨까?"

"저는 꼭 아치가 되고 싶어요!"[1]

　　루이스 칸 Louis Khan 이 답보한 건축 순례의 최종 목적지는 재료의
물성과 본원적 기능에 부합되는 형태라는 것을 시사한 우화적 경구
이다. 건축의 근원에 다가가면 결국 재료와 형상이 전부이다. 건축
가들은 항상 이러한 질문에 대한 답을 구하기 위하여 노력해왔다. 그
여정에서 건축가마다 다른 방법론을 택했다. 어떤 이는 구도자적 삶
을 살았고, 어떤 이는 대중의 취향에 영합했다. 어떤 이는 수사적으

로 표현했고, 어떤 이는 거만한 독선으로 훈계했다. 분명한 것은 건축에 있어서 재료의 물성은 본질적이다.

"I sense light as a giver of all presences, and material as spent light. What is made by light casts a shadow and the shadow belongs to light."[2]

빛은 모든 존재를 현현하게 하는 것이며 재료는 그러한 빛을 취하는 것이라 나는 생각한다. 빛이 만들어내는 것은 그림자를 드리우기에 그 그림자는 빛에 종속되는 것이다.

루이스 칸 역시 여느 거장처럼 건축 재료의 물성에 대하여 위와 같은 종교적인 설명을 곁들인다. 그리고 그의 접근 방법에서도 주

Fig. 1 루이스 칸. 이미지 출처: 다큐멘터리 필름 My Architect: A Son's Journey에서 캡처한 이미지를 사용하여 합성

된 본질은 이성이며 재료는 부차적이며 수동적이다. 이러한 '개념 우선의 태도'는 르네상스 이후 확립된 건축의 전통에서 주류를 차지해왔다.

데란다 DeLanda 의 말을 빌리면, 디자인을 바라보는 두 가지 관점을 이야기할 수 있다. 형태 또는 디자인가 설계자의 개념으로부터 도출되는 것으로 보는 관점과 형태를 도출하는 과정에서 재료가 중요한 역할을 한다고 보는 관점이 있다. 전자의 경우, 설계자가 어떤 형태를 정신적 활동을 통해서 도출해내고, 이후에 재료가 더해져서 결과물이 만들어지는 것이다. 형태를 도출하는 과정에서 재료의 존재는 중요하지 않으며 재료는 수동적인 역할을 취한다.[3]

'개념 우선의 전통'에서 재료를 다루는 행위는 하급의 노동으로 여겨졌고 '학學'으로서의 지위를 갖지 못했다. 그러나 어떤 재료를 직접 다루면서 그것의 특성과 물리적 반응을 고려하면서 형상을 만들어가는 과정, 예를 들어 용광로에 달궈진 쇳덩이를 다루어서 도검을 만들어가는 과정에서 대장장이는 그가 원하는 형상을 뽑아내면서 시시각각 변화하는 쇳덩이의 특성을 파악하고 다양한 상호작용을 하게 된다. 따라서 재료를 다루는 방법뿐만 아니라 최종적인 형태도 그러한 상호작용의 산물이다. 품질이 불일정한 음식 재료를 다루는 요리사, 피고의 눈동자를 읽어야 하는 판사, 내지는, 대지의 특성과 사용자의 요구를 해석해야 하는 건축가는 레시피나 법전이나 건축 계획 각론에 나와 있지 않은 독창적인 상호작용을 수행해야 한다. 이러한 상호작용에서 장인이 구사하는 전략은 대개 명문화된 절차가 아니라 암묵지 暗默知 로써 체득되고 전수된 것이다.

건축가의 물성에 대한 고민과 혁신적 지오메트리를 뒷받침하는 디테일들을 표현하는 방법은 최종적으로 2차원 도면이다. 시방 Specification 이라는 체계화된 약속이 존재하지만, 여전히 2차원 도면은 그 모든 것을 제대로 담지 못한다. 역설적으로 디자인은 기존의 약속을 파기할 때 큰 가치를 지닌다. 그러한 파괴가 디자인 프로토타입으로 자리 잡고 건축가의 의도를 제대로 표현하는 시방 체계가 확립될 무렵이면 세상은 다시 새로운 디자인을 갈구하게 마련이다.

이론적으로 건물 정보모델 Building Information Model: Model: BIM 은 이러한 틈새를 제거할 것으로 기대된다. 왜냐하면 도면에서 명시적으로 표현하지 않던 구법과 재료의 물성에 관한 정보를 설계단계에서 다

잠시 샛길 8

루이스 칸이 이룬 시와 같은 건축 작품은 많은 건축가에게 어떤 경지를 상징한다. 마찬가지로 바흐의 골드베르크 변주곡의 아리아는 피아니스트에겐 어떤 경지를 상징한다. 단순하지만 너무 어려운…. 글렌 굴드 Glen Gould 가 극복해야 할 어떤 전설이라면 정답은 없다. 그 경지에 다가서려는 무수한 스타일이 있을 뿐.

마르틴 슈타트펠트 Martin Stadtfeld 나 이고르 레빗 Igor Levit 은 어떤 경지를 애써 찾으려하는 노력이 오히려 부담스럽다.

베아트리체 라나 Beatrice Rana 의 편안한, 그래서 유려한 연주가 좋다.

바흐, 골드베르크 변주곡의 아리아.
BWV 988, Beatrice Rana

루기 때문이다. 다만 그러한 일을 마법처럼 BIM이 자동으로 해주는 것이 아니라는 것이 함정이다. BIM은 그러한 정보를 설계과정에서 입력해야 한다고 떡 버티고 있는 엄격한 수문장의 역할을 한다. 입력의 방법이 얼마나 직관적이냐 혹은 편리하냐는 BIM의 문제가 아니라 소프트웨어 도구의 문제이다. 지붕을 설계하면서 직관적인 대화형 그래픽 사용자 인터페이스를 사용하거나, 3D 가시화 환경을 통해서 건물의 벽체를 실제로 다루는 것처럼 생성하는 기능 등이 BIM 설계라고 이해하는 경우가 많지만, 그것은 BIM의 문제는 아니라는 것이다. 심지어 많은 BIM 설계 실무 종사자들도 BIM을 3D 설계로 이해하는 경향이 있다.

BIM의 객체 지향성은 컴퓨터 프로그램이 건물을 이해하고, 알고리즘이 설계 데이터를 다룰 수 있게 해준다.[4] 단순한 도형 요소 Graphic Entity 가 아닌 건축 오브젝트 AEC Object 혹은 Component 의 의미 Sematic 가 있다는 것은 설계 도구에 인텔리전스를 부여할 수 있게 한다는 의미가 있다. 예를 들어 벽체 오브젝트에 창호 오브젝트를 삽입하면 벽체에 해당 크기의 개구부 Opening 가 동시에 만들어져야 하는 인텔리전스를 설계 도구에 내장하기 쉽다. 기둥이 서로 겹치거나 공간에 개구부가 없는 상황에 대한 자동 발견도 쉽다. 건물 컴포넌트가 어떤 뷰 View , 어떤 도면 축척에서는 어떠한 LOD Level of Detail 나 심벌로 표현되어야 하는지와 같은 다형성 Multiple Representation 혹은 Polymorphism 도 BIM에 내장하기 쉬운 인텔리전스이다. 설계자가 임의로 보 Beam 와 같은 건축 오브젝트를 겹치게 할 수도 없게 한다. "여기에 벽이 있으라!", "이곳에 공간이 있으라!" … 기존의 CAD 도구에 익숙한 설계자들은 그렇게 선線을 그렸다. 설계는 시공의 현실과 어느 정도 유리되어 있었고, 두 영역은 다른 역할을 해왔다. BIM 설계는 그런 자유도를 제공하지 않는다. 문법을 벗어나는 설계란 원칙적으로 불가능하고, 설계 이전에 문법을 만들어야 한다. 설계자는 현실을 무시한 전능한 신에서 현실의 조건과 순서에 따르는 시민이 되는 것이다. 물론 현실적으로는 그런 엉터리 BIM 설계가 허다하다. 하지만 적어도 잘못 설계된 것을 찾아내기는 쉽다. BIM은 건축의 문법 Syntax을 전제로 하기 때문이다.

2. 마스터 모델

어떤 대상물을 만든다는 것은 제작자의 머릿속에 자리 잡은 심상 Mental Image 과의 부단한 상호작용을 전제로 한다. 그러한 심상은 생산의 과정을 일정한 목표로 향하게 통제하는 틀의 역할을 하지만, 이 역시 생산의 과정을 거치면서 수정된다. 우리는 이러한 것을 마스터 모델 Master Model 이라고 한다. 생산의 과정을 통제하는 지식체계로서 마스터 모델은 종종 3차원 축척 목업 Mockup 모델로 만들어졌다. 이는 소극적으로는 미켈란젤로의 성 피터 St. Peter's 성당의 돔 Dome 프로젝트에서처럼 클라이언트 교황 를 설득하는 프레젠테이션 도구의 역할을 하기도 했고, 브루넬레스키 Brunelleschi 의 피렌체 성당 돔 Dome 프로젝트처럼 혁신적 구조법을 도출해내고 참여 기술자들이 물량을

산출하거나 시공 방법을 도출하기 위한 통합 모델의 역할을 하기도 하였다. 그러한 가운데 이 모델은 최종적인 실제 돔의 피지컬 트윈 Physical Twin 의 수준에 달하는 목업 모델로 진화하였을 것이다. 장인 개개인의 심상이 프로젝트 참여자들의 협업을 위한 피지컬 트윈[6]으로 바뀐 것이다. 도구를 이용하여 형상을 만드는 것은 어떤 의미에선 개인적인 작업이고 심상과의 상호작용이다. 그러나 건축 프로젝트는 많은 이종 분야 기술자와 이해 당사자가 협업해야 하는 사회적 활동 Social Activity 이다. 피지컬 트윈은 참여자들이 함께 프로젝트를 평가하고 진행해 나가는 협업의 매체이자 가상의 건축물이었다. 르네상스 이후 도면 중심의 표현 체계가 확립되면서, 이러한 마스터 모델의 역할이 축소되었고, 건축 생산 지식은 도면에서 배제되었다. 재료의 물성과 생산 방식을 마스터 모델과의 대화를 통해 고민하던 건축가는 도면을 매개로만 대화하게 된 것이다.

건축가의 심상에 존재하는 건물은 천의무봉의 가상 건축이다. 적어도 심상 속의 건물에는 현실적인 오차나 부정합이 존재하지 않기 때문이다. 이는 설계하고자 하는 대상 건물의 멘털 트윈 Mental Twin 으로서, 추상적인 관념에서 구체적인 건물의 모습으로 진화한다. 설계를 진행하는 과정에서 이를 외재화하는 표현물은 멘털 트윈과 같이 진화 Co-evolution 하는데 그것은 스케치, 목업 모델, 디지털 모델 등의 다양한 형식으로 존재한다. 설계가 완성되었을 때 그러한 과정에서 명멸했던 무수한 아이디어와 고민은 사라진다. 구체적인 모습의 건물 설계를 시공자에게 전달하는 것은 도면이었다.

Fig. 2 성 베드로 성당과 미켈란젤로의 돔(Dome) 모델.

도면이라고 하는 표현 체계를 건축물로 구현해가는 과정에서 다양한 이유로 실제 건축물은 건축가의 마음속에 존재했던 원형과는 다른 모습으로 전개된다. 설계도면은 시공 과정에선 재해석되어야 하고 변형되는 것이 일반적이었다. 건축 분야는  제조업과 달리 명확한 '부품'의 개념이 부족하였고 많은 경우 현장 기술자의 암묵지를 빌려 제작되기도 했다. 특히 콘크리트와 같은 재료를 주로 하는 습식 공정의 특성상, 일반적인 공장 생산 제품처럼 명확

Fig. 3 피렌체 대성당과 브루넬레스키 돔(Dome) 모델 (부분).

하게 건축물을 부품 단위로 분류하고 관리하는 것이 불가능하였다. 숙명적으로 도면은 어떤 건물의 완벽한 표현이라기보다는 실체화 과정에서 어떤 식으로 나타날 수도 있는 가능태 The Possible 였다. 누군가 해석을 해야 하고, 최종 구현 단계에서는 현장 기술자의 솜씨나 관례에 의해서 변용되는 것이 일반적이었다. 그래서 가능태로서의 도면 The Possible 과 실제 건축물 The Real, 그리고 건축가가 원한 이상적인 건축 The Ideal 은 서로 일치하지 않는 것이 일반

적인 업계 특성이었다.

BIM은 건축물의 도면을 만들기보다는 가상 건물 Virtual Building 을 짓기 위한 디지털 재료이다. BIM 설계는 기존 도면처럼 가능태가 실체 The Real 가 되는 과정이 아니라 가상태 The Virtual 가 실제 The Actual 로 되는 과정이 된다. 따라서 BIM 설계 모델은 가상 세계에서만 무결한 건물로 존재한다. BIM 자체가 비행기처럼 문짝 잘 들어맞고, 단열 잘 되고, 바닥부터 천장까지 줄눈 딱딱 들어맞는 '제품 같은 건물'을 보장하지 않는다. 건축의 생산 방식 자체가 제품처럼 바뀌지 않으면 BIM은 꿈속의 연애처럼 공허할 수밖에 없다. 사실, BIM은 건축가가 설계에 득도하거나 예술작품을 만드는 데 사용하는 특별한 CAD 도구가 아니다. 이는 건축물을 디지털 세계에서 정의하고 표현하고 또 정보

Fig. 4 가상 건물로서의 BIM 모델. BIM은 건축물을 디지털 세계에서 정의하고 표현하고 또 정보를 교환하는 약속으로서, 그러한 약속을 준수하는 다양한 애플리케이션과 작업방식이 공존할 수 있게 해주는 생태계이다. 궁극적으로는 그 생태계의 가상성과 유연성을 이해한 이들이 다양한 새로운 시장을 만들 수 있게 해주는 플랫폼이다. 이미지 제공: Design Informatics Group, SKKU

Fig. 5 제품 설계 분야에 비해선 허용오차(Tolerance)가 매우 큰 건축 분야는 정보모델의 이론과 현실의 틈을 좁히는 데 어려움을 겪 어왔다. BIM 설계임을 강조하고 지자체의 건축상을 수상한 이 건물은 BIM 모델과 실제 건물과의 격차를 보여준다. 저자 촬영

를 교환하는 약속으로서, 그러한 약속을 준수하는 다양한 애플리케 이션과 작업방식이 공존할 수 있게 해주는 생태계이다. 궁극적으로 는 그 생태계의 가상성과 유연성을 이해한 이들이 다양한 새로운 시 장을 만들 수 있게 해주는 플랫폼이다.

건물 정보모델 BIM 은 프로덕트 모델로서 건물의 형상과 속성을 엔 지니어링 데이터베이스에서 관리할 수 있는 도구로 발전해왔다. 항공 기나 자동차와 같은 복잡한 기계들의 설계, 생산 및 생애주기 유지관 리를 위해서 PLM Product Life-cycle Management 은 이미 보편화된 플랫폼 이다. 전통적으로 습식인 현장 시공의 많은 부분이 설계도면에서 충 분히 다뤄지지 않고, 현장 기술자의 샵 드로잉과 암묵지가 큰 역할을 하며, 제품 설계 분야에 비해선 허용오차 Tolerance 가 매우 큰 건축 분 야는 정보모델의 이론과 현실의 틈을 좁히는 데 어려움을 겪어왔다.

이러한 특성으로 인해 건축은 타 분야와 비교해서 컴퓨터 기술의 도입이 상대적으로 더디고 실무에서의 저항성이 컸다. 또한 건축가들은 건물을 단순한 물리적 제품이나 상품으로 보는 것을 꺼려왔다. 물리적 형상보다 무형의 공간에 더 큰 가치를 두는 건축 설계의 전통 덕분에 제품 설계 분야에 비해서 적절한 도구를 찾기가 어려웠고 항상 CAD는 '건축을 이해하지 못하는 도구'라는 오명을 얻어왔다. 여전히 공간은 단순히 벽체의 경계면에 둘러싸인 파생적 개념을 넘어서 특별한 의미를 부여받는 건축 설계의 정수이다. 개념 설계 과정에서 두 개의 공간이 중첩되었을 때 창발되는 새로운 공간은 기존의 데이터 모델이 유연하게 지원하지 못하는 전형적인 요소였다. 설계 전산 분야에서 8~90년대에 야심차게 전개되었던 연구들은 대개 특이한

Fig. 6 프로덕트 모델을 모체로 하고 있으므로 일반 제품처럼 부품의 개념이 명확하지 않으면 BIM과 실제 건축물의 매핑이 쉽지는 않다. 설계자나 시공자 모두 기존의 건축 생산 프로세스를 새로운 시각으로 이해해야 한다. 여의도우체국 프로젝트의 BIM 설계 모델과 산출 도면. 이미지 제공: 두올 아키텍츠

'설계' 자체에 대한 이해를 목표로 하였다. 그러나 90년대 후반부터 설계보다는 건물 자체를 이해하기 위한 연구가 활발히 진행되었다. BIM은 그러한 노력의 대표적인 산물이다.

프로덕트 모델을 모체로 하고 있으므로 일반 제품처럼 부품의 개념이 명확하지 않으면 BIM과 실제 건축물의 매핑이 쉽지는 않다. 전통적으로 건축의 공정이나 구조가 가지는 문제 외에도 설계자나 시공자 모두 기존의 건축 생산 프로세스를 새로운 시각으로 이해해야 하기에 과거 CAD가 도입될 때보다 저항성이 큰 것도 사실이다. 그러나 상황은 달라지고 있다. 건축물의 모듈화와 프리패브화가 가속화되면서 건물도 제품처럼 설계하고 시공, 유지관리할 수 있는 시대가 도래하고 있기 때문이다.

3. 제국의 지도

"… 제국의 지도는 한 지방의 크기에 달했다. 하지만 이 터무니없는 지도에도 만족 못한 지도 제작 길드는 정확히 제국의 크기만 한 제국 전도를 만들었는데, 그 안의 모든 세부는 현실의 지점에 대응했다. 지도학에 별 관심이 없었던 후세대는 이 방대한 지도가 쓸모없음을 깨닫고, 불손하게 그것을 태양과 겨울의 혹독함에 내맡겨버렸다. 서부의 사막에는 지금도 누더기가 된 그 지도가 남아있어, 동물과 거지들이 그 안에 살고 있다…"[7]

- 보르헤스 소설집『불한당들의 세계사』에 수록된 단편「과학적 정확성에 관하여」중에서

BIM은 근본적으로 건물에 대한 구문론적 Syntactic 체계화, 그리고 CAD 오브젝트에 실질적인 건축 부재의 의미를 부여하는 의미론적 Semantic 확장을 통해 건물의 설계, 생산, 유통에 대한 기계 대 기계 대화 및 거래 실행 Machine-to-Machine Communication & Transaction 을 가능하게 할 목적으로 전개되었다.

건축을 구문론적으로 혹은 의미론적으로 조작하려는 대표적인 노력이 건축 기호학이었다. 두 가지 접근 방법 모두 기능주의 건축에서 탈색된 건축의 의미 작용을 회복하려는 시도였다. 즉, 구문론적인 조작은 건축 문법요소의 의도적인 파괴를 통해 환유적인 의미 작용 Metonymy 을 시도했고, 의미론적인 조작은 연상 작용에 주력하여 은유적인 의미 작용 Metaphor 을 시도했다. 주지하다시피 과거 포스트모던

건축의 이러한 노력은 처음에는 낯설고 신기한 풍경을 연출했지만 근대 건축의 실패를 본질에서 해결하지는 못했다.

BIM의 구문론이나 의미론은 모두 건물의 물리적 구성요소를 망라한 데이터베이스의 관계와 속성으로 사전 정의되어 있고 이를 문법적으로 파괴하는 것은 불가능하다. 공간 Space 은 층 Story 에 종속되어 있으며, 기둥 Column 은 바닥 Slab 에 드러누울 수 없다. De+Sign, 즉 '기호체계의 파괴'가 불가능한 것이다. '설계'가 불가능한 것이다. 설계 전산 Design Computing 은 그런 의미에서 모순어법 Oxymoron 적이다. BIM은 도면보다는 레고 블록에 가까워서 건물을 구성하는 요소들의 수량, 연결 관계, 결합방식에 대해서 재료의 물성에 기반한 구체적인 규칙을 가지고 있다. 따라서 설계도면과 실제 건물과의 차이를 최소화할 수 있다. 그러나 레고로 만든 건물은 언제라도 뒤집어서 기둥이 보가 되고 벽이 바닥이 될 수 있어도 BIM 설계 모델에서는 불가능하다. 태생적으로 공간 질서를 재창조하는 개념 설계보다는 정확한 정보교환을 위한 모델이기 때문이다.

르네상스 이전 건축가들은 도면보다는 모델을 중심으로 설계를 했다. 피렌체 성당의 돔 프로젝트를 진행할 때 브루넬레스키는 대형 모델을 중심으로 혁신적 설계를 완성하였고, 당시의 길드 엔지니어들은 이 마스터 모델을 근간으로 견적을 뽑았고 시공 방법을 개발했다. 우리 전통 건축의 장인들은 부재의 형상과 공간 구성에 대한 마스터 모델을 도면보다는 심상적인 원형으로써 구현하고 전수하였다. 실제 건축물은 사용된 재료, 제작 조건, 시공 상황에 맞추어 솜씨 있게 조율되고 변형되었다. 마스터 모델이 물리적으로 존재했든, 이상적인 원형으로 존재했든, 과거 건축가들은 설계와 생산에 이르는 건축 프로세스 전반에 대한 통제권을 가지고 있었다. 도면 중심의 건축 설계의 역사는 수백 년이 채 되지 않지만, 점점 건축가들은 도면을 건축 설계의 종착점으로 여기게 되었다. 결국 재료, 디테일, 공정에 대한 고민과는 멀어지게 되고 건축가의 심상 모델과 실제 건물 사이에는 척박한 틈새가 존재하게 되었다.

BIM 설계의 의의는 설계와 생산이 분리되면서 건축가가 잃었던 건축 프로세스의 통제권을 되찾는 것이다. BIM은 실제 건축물의 형상을 3차원으로 정밀 표현하는 모델이 아니라, 제국의 크기를 무한히 넘어서는 지도로서, 건축물의 일생을 담는 다차원의 마스터 모델이다. 우리는 BIM이 건축가들에게 재료, 디테일, 공정, 관리를 포함하

잠시 샛길 9

"위대한 작품의 어떤 연주도 작품 자체의 위대함에는 못 미친다. 상상 속에서는 곡이 항상 더 완벽하다." – 아르투르 슈나벨.

위대한 작품은 더는 나오지 않고 있다. 오직 그 위대함에 다가서려는 끝없는 연주자의 노력이 있을 뿐. 이러한 점에서 음악과 건축은 차별화된다. 상상 속의 건축은 항상 완벽하다. 이를 구현하는 과정에서 변형될 뿐. 실제 건축물도 상상 속의 건축물도. 그러나 일단 지어지고 나면 다가서야 할 대상이 아니라 극복해야 할 선례가 된다.

베토벤, 피아노 소나타 30번. 1악장.
Vivace ma non troppo. Maurizio Pollini

Fig. 7 BIM은 가상 건물(Virtual Building)을 짓기 위한 디지털 재료이다. BIM 설계는 기존 도면처럼 가능태(The Possible)가 실체(The Real)가 되는 과정이 아니라 가상태(The Virtual)가 실제(The Actual)로 되는 과정이 된다. 이미지 자료 제공 : ㈜희림종합건축사사무소 ⓒ사진작가 박완순

는 건축 프로세스를 제대로 다루면서 설계 이후 건축물의 일생을 지속해서 통치하게 하는 지도이기를 기대한다.

　BIM은 설계 프로세스에서 생성되는 다양한 표현물을 통합하고, 프로세스를 코디네이션 하는 역할을 한다. 전체는 진화하는 부분 모델들의 통합 모델이며, 부분들의 변경을 반영한다. 역으로 전체 모델에 대한 평가와 변경의 요구는 부분들의 변경으로 파급된다. BIM이 도면이나 3차원 모델을 만드는 작업이 아니라 가상건축물 Virtual Building 을 만드는 작업임을 이해해야 BIM 설계에 제대로 접근할 수 있다. 말단의 모델링 하나하나는 삽질일지언정 영광은 그것들을 모두 결합한 통합 모델 Integrated Model 에 있다. 디지털 모델링의 수단이 정교한 수작업이든 제너러티브 알고리즘이든 파라메트릭 디자인이든, 만들어진 부재들은 BIM에 정의된 건축물의 구문과 의미 체계를 따라야 하고, 절차를 준수해야 한다. 그렇게 되어야만 정보로서의 가

Fig. 8 BIM 설계는 가상태(The Virtual)와 실제(The Actual)의 동일한 상태로 존재함을 뜻한다. 이미지 자료 제공: ㈜희림종합건축사사무소 ⓒ사진작가 박완순

치를 지닌다.

형상에 형이상학적 의미를 부여하는 것은 지극히 주관적이면서도 시적 교감을 필요로 하는 일이다. 과거의 디지털 모델링은 마치 돌을 깎아 조각하는 것과 같아서 이러한 시적 감흥이 디지털 삽질에 대한 보상작용을 하였다. BIM에서 '의미'라고 하는 것은 부재의 물성과 연결 관계, 절차에 관한 것이다. 재료와 치수에 대한 정의, 인접 부재나 상위, 혹은 하위 부재의 관계, 그리고 단열 성능이나 강성과 같은 물리적 속성에 대한 정보를 담고 있는, 즉 의미를 담고 있는 Semantically-Rich 건축 오브젝트 AEC Object 들이 만들어내는 복잡한 시스템이다. 이 의미를 무시하면서 모델링을 하는 것은 불가능하다. 그러나 이 융통성 없어 보이는 의미 덕분에 매스의 각도를 왜 얼마나 틀었는지, 그리고 그로 인해 대안 A가 대안 B보다 사용자들에게 어떤 편안함을 더주는지, 혹은 난방비가 덜 드는지를 설명할 수 있다. 그러한 성능뿐

만 아니라 설계단계에서 건축물의 시공과정 중 작업 안전 유무를 점
검하거나 폐기 과정에서 재활용률을 극대화할 수 있는 디자인을 고
려할 수 있다. 여기서 중요한 점은 이러한 일들을 사람이 한다는 것
이 아니다. 고도로 숙련된 건축가나 기술자는 도면이나 모델을 보고

잠시 샛길 10

가끔 컴퓨터를 멀리하고 건축의 본질을 보라는 '예술가'들을 경계하라. 컴퓨터에 의한
설계 또는 정보모델링 BIM 을 건축의 본질과는 거리가 멀다고 주장하는 이들은 설계의
본질을 이미지. 또는 스케치에 의한 심상 Mental image 정도로 생각하는 것이다. 이들은
회화적 스케치와 추상적 다이어그램이 '건축의 신'에 접근할 수 있는 가장 신성한 언어
이며 진정한 건축가는 이러한 언어를 통해서만 이야기해야 한다고 생각하는 것임이 틀
림없다. 따라서 건축가의 실질적 역할은 이러한 예술적 스케치를 통해서 심상을 표현하
는 것으로 끝나는 것이고 여기에 숨겨진 의미를 해석해서 건축물로 실현하는 것은 건
축가가 아닌 시공자 Builder 의 역할이라고 생각하는 것이다. 또한 2차원 CAD 도면이나
BIM 모델로 표현된 것은 심상의 재현으로써 건축의 본질과는 매우 거리가 먼 피상적
그림자와 같은 것으로 생각한다. 디지털모델링은 오히려 생각을 전달하는 언어로서 익
혀야 한다.

빌헬름 켐프 Wilhelm Kempff 의 연주로 듣는 슈베르트 소나타 17번의 2악장 콘 모토.

하루키의 소설에서 언급된 '제대로 연주하는 피아니스트가 드물다는 D 장조 소나타'. 어
떤 일이든 문제를 정확히 파악하고 에너지를 집중하여 결과를 평가하면서 끊임없는 궤도
수정을 하는 노력을 기울이지 않으면 '제대로' 할 수 없는 법. 그저 허튼짓에 불과하다. 켐
프는 역시 이것저것 다 걷어내고 건조한 듯 본질적인 ... 남다른 경지를 들려준다.

슈베르트, 피아노 소나타 17번. 2악장.
Con moto. Wilhelm Kempff

그런 것을 직관적으로 예상할 수 있다. 이 절의 서두에 설명한 것처럼, BIM의 지향점은 건물의 설계, 생산, 유통에 대한 기계 대 기계 대화 및 거래 실행 Machine-to-Machine Communication & Transaction 이다.

설계과정의 여러 단계에서 디지털 모델이 진화 Versioning 하여 LOD Level of Detail 가 높아지고, 설계의 대안들이 하나로 수렴되어, 그 모델이 실제 건축물을 그대로 표현한 상태가 될 때, 그러한 디지털 모델을 가상 건물 Virtual Building 이라고 하며 'As-Built BIM'으로 통칭한다. 즉, 디지털 재료를 이용하여 실제 건축물과 같은 구법과 절차에 의해 만들어졌다는 것이다. 가상 건물은 실제 건축물을 구현하기 위한 목표이자 절차를 담은 명세이며 건축물이 완공되고 나면 그 건축물의 디지털 트윈 Digital Twin 으로 존재한다. 보르헤스 Borges 의 지도 우화처럼 이러한 가상 건물은 실제 건축물의 현재뿐만 아니라 이력, 그리고 건물에서 일어나는 일과 물리적 변화의 정보 센서 데이터 를 담은 건축물의 지도이다.

4. Qui Bono?

그것은 정보 위에 정보 없다는 원칙이었다. 힘이라고 하는 것은, 정보가 파일에 모이고, 특정 정보와 정보의 관계가 규명될 때만 발휘될 수 있는 것이다. 관계라고 하는 것은 어차피 있는 것이니까 찾아내려고 마음만 먹으면 되는 것이었다.

No piece of information is superior to any other. Power lies in having them all on file and then finding the connections. There are always connections; you have only to want to find them.

- 움베르토 에코 *Umberto Eco*, 『푸코의 진자 *Foucault's Pendulum*』, p.424

BIM 도입이 지지부진한 가운데 일정 규모 이상 공공건물의 BIM 설계 의무화가 업계에 큰 부담으로 느껴지는 요즘 디지털 건축 설계 영역은 '3D이니까 정확하고 첨단이며 다재다능하다.'라는 "가자, 3D교"와 '설계의 본질은 도면이다. 안 그래도 먹고살기 힘든데 웬 3D? BIM이 의무화되면 건축계를 떠나겠다.'라는 "도면 진리교"로 나뉜다. 물론 현재의 건축 설계 영역은 둘 다 정답이 아니다. 문제의 핵심은 2D냐 3D냐가 아니라 "마스터 모델을 누가 가지느냐."이다.

BIM은 결국 건축가들이 한동안 무시해왔던 물성과 구법의 구체적인 문제를 설계단계에서 명시적으로 표현하고 데이터를 입력해야 하는 일을 복원시킨다. 즉 지난 수백 년간 건축가들이 서서히 외면해왔고, 시공과정에서 암묵지와 관행으로 처리되던 일을 건축가가 정확히 명시적으로 다뤄야 함을 의미한다. 이는 추가적인 일손과 업무

지식을 요구한다. 즉 시간과 돈이 든다는 것이다. 그런데도 여전히 일선에선 BIM을 3D 설계를 비롯한 물량산출, 법규 검토, 품질 보장 등의 모든 일을 자동으로 해결해주는 마법의 도구로 오해한다.

BIM은 3D 모델을 만들고 도면을 작성하는 작업이 아니라 가상 건물을 만드는 작업이다. BIM 설계프로젝트의 수행계획의 내용을 보면 대개 설계 팀에 의해서 기본 설계가 마쳐지면 BIM 모델을 만들어서 그걸 가지고 시각 검토도 하고 동선 시뮬레이션도 하고 설계품질도 평가하겠다는 계획을 제시한다. 그리고 종국에는 그걸 가지고 납품용 도면과 모델을 만들어 내겠다고 한다.

3D로 표현이 되어서 현상설계안과 기본설계안과의 차이를 '눈으로' 확인할 수 있다고 강조하는데 그건 BIM이 아니라도 얼마든지 잘할 수 있는 작업이다. 설계회사들은 'BIM이 강력하다.'라고 긍정적인 평가를 많이 하는데, 내용을 보면 대개 "2D로 설계할 때는 파악하기 힘들었는데 BIM 모델로 만들어온 것을 보면 설계오류나 부재 간섭을 잘 잡아낸다."라는 것이다. 그런데 그것은 설계 품질평가이지 BIM 설계는 아니다. BIM 설계 수행 계획서를 보면 "설계 대안 중에서 설계안을 확정하고 기본 설계가 확정되면 그걸 BIM으로 만들어서 그걸 가지고 시각화와 이런저런 검토를 하고, 설계품질도 검토하겠다."라고 하는데, 제대로 하려면 BIM 기반의 설계 대안들에 대해서 이런저런 시뮬레이션과 공사비 검토 등을 하고 그중 최적안을 찾아야 한다. 찾는 방법은 '눈'으로가 아니라 BIM 모델에서 추출되는 객관적 '데이터'의 비교와 최적화에 의한 것이라야 한다. 즉 Data-Driven,

Evidence-Based이어야 한다.

BIM 설계를 하겠다면서 "기본 설계가 확정이 되지 않아 BIM 설계로 넘어갈 수 없다."라고 변명한다. BIM 기반 설계에서는 기존 프로세스의 일방향적 트리구조가 아니라 양방향적 순환적 그물망 구조로 프로세스가 바뀌어야 한다. BIM 모델이 만들어지면 그걸 구조나 환경, 설비 등의 엔지니어링사에 보내어 분석하게 한다고 하는데 보내면 그걸로 끝이다. 결과가 BIM 설계 모델에 연동되어 반영되는 것이 아니고 그냥 분석 결과가 그러하다고 보고 받는 것이다. 설계회사와 비교해서 엔지니어링 사의의 워크플로우는 더욱 과거의 2D CAD 기반인 경우가 허다해서 BIM 모델 데이터를 2D CAD 데이터로 다운그레이드하여 분석을 수행하는 예도 허다하다. 그러한 과정에서 데이터의 손실이나 왜곡의 가능성은 여전히 존재한다.

이상적인 BIM 설계 프로세스라면 설계 초기 단계에서 이러한 분석의 피드백이 설계의 방향을 결정할 수 있어야 한다. 또한 꼬리가 몸통을 흔들 수 있어야 한다. 즉, 개념적인 매스가 완전히 결정되지 않은 상태에서도 새로운 커튼월 패널의 도입이나, 지붕면 빗물의 흐름, 마케팅을 위한 의장적 고려로도 매스의 개념이 바뀔 수 있어야 한다. 이 역시 '눈으로'가 아니라 '데이터에 근거한' 순환 반복적 프로세스이다. 이를 통해서 프로젝트의 리스크를 줄이고 공사 기간을 단축하고 건물의 품질을 높여야 한다.

이 모든 짓거리는 BIM 설계가 그저 멋지고 바람직해서가 아니라 돈이 되어야 하는 거다. 발주처도 BIM 설계를 통해서 이윤이 창출되어야 한다. 설계회사, 엔지니어링 회사 모두 BIM 설계가 돈이 되어야 한다. BIM 설계를 위한 라인업을 구성하기 위해선 많은 추가 비용이 들고 중장기적인 투자가 필요하다. 그것을 통해서 어떠한 가치를 창출할지에 대한 명확한 목표를 가지고 수행할 수 있어야 한다. 그런데 기존 설계비 안에서 BIM 설계도 잘하라고 하면 말이 되는가? 그리고 BIM 설계는 설계대로 하고 기존 도면은 그대로 다 제출하라고 한다. 일만 늘어난다.

현재 주요 공공 발주처에서 BIM 설계 옵션에 할당된 비용을 들여다보면 여전히 BIM 설계비를 납품용 BIM 모델 제작비로 생각하고 있음을 알 수 있다. 설계비도 제대로 산정되어 있지 않은데 BIM 설계비를 논하는 것이 우습지만, 제대로 된 BIM 설계비를 주지 않으면 당장 먹고 살기도 바쁜데 어떠한 설계회사도 BIM 설계를 제대로 수행하고, 기술을 축적하고, 투자할 여력은 없다. 따라서 전환설계 외주를 주고 아무도 사용하지 않는 납품용 모델이 어딘가에 저장될 것이고 BIM 설계 수준은 바닥에 머무를 것이다. 발주처가 제대로 비용을 산정하고 스스로 조직과 프로세스를 혁신하지 않으면 BIM 설계는 요식행위가 될 수밖에 없다. 학교에선 BIM Expert나 Creative Designer가 되라고 학생들을 가르치는데 실무에선 BIM 멍키 Monkey 로 내몰릴 수밖에 없는 것이다.

상당한 비용이 BIM 설계에 투입된다. 기존의 업무처리 방식을 바꾼다는 것은 공장의 생산설비를 바꾸는 것처럼 비용을 요구한다. 일회성이 강한 건축의 경우 대량생산을 전제로 한 제품에 비해서, 비용

투입의 누적효과가 크지 않다. 통계에 의하면 프로젝트의 규모가 대폭 커진다고 해서 BIM 설계에 투입되는 비용이 비례해서 증대되진 않는다. 즉 대규모 프로젝트일수록 BIM 설계 비용 대비 전체 비용이 커진다. 반면에 프로젝트가 일정 규모 이하로 작아진다고 해서 BIM 설계 비용도 비례해서 줄어들지는 않는다. 기본적으로 들어가는 비용이 있는 것이다. 따라서 현재로서는 일정 규모 이상의 프로젝트에만 적용하는 것이 바람직하다. 그럴 뿐만 아니라, 규모와 무관하게 루틴하고 정형화된 건축 유형을 다루는 프로젝트에서 BIM이 제시하는 멋진 약속들은 설득력을 잃는다. 다음의 대화를 들어보자.

- BIM 전도사: 생각하는 것처럼 단순히 3D 설계가 아니라 정보를 많이 담고 있습니다.
- 발주처 담당자: 그럼 뭘 할 수 있습니까?
- BIM 전도사: 물량산출이 자동화됩니다.
- 발주처 담당자: 그런 거 사실 필요 없어요. 면적만 있으면 그냥 물량은 나와요. 아파트란 게 뻔하니까.

연구자, 혹은 BIM 전도사는 BIM이 설계오류 최소화와 품질향상, 무수한 설계변경에 대응하는 문서관리, 이종 소프트웨어와의 정보 호환성에 의한 성능 지향의 설계, 라이브러리 재활용 등으로 생산성과 이윤 증대를 가져올 것이라고 주장한다. 또한 본격적으로 BIM 라이브러리가 유통되면 블록체인과 결합하여 새로운 비즈니스 생태계가 가능하다고 설파한다. 우리가 꿈꾸는 BIM 생태계이다.

여기서 함정은 동일 예산일 때, 혹은 적정 대가가 지급되었을 때이다. 엔지니어링 부정합이나 기존 업무 체계와의 부조화와 같은 척박한 문제를 차치하고라도, 현장에서 가장 절실한 문제는 BIM 설계에 추가로 들어가는 비용을 누가 지급할 것인가이다. 현장 실무자는 이렇게 한탄한다. '공사비 총액은 그대로'이고, 여기 붙였다 저기 붙였다 셈법만 오락가락하면서 BIM 설계 비용을 지급할 주체가 모호하다. 공사비가 절감되어봐야 예산도 따라서 줄고, 설계사이건 시공사이건 특별히 좋아지는 것이 없다. 그렇다고 소비자 입장에서 집값이 내려가는 것도 아니다. 물론, BIM 비용의 체계화가 선행되어야 한다. 단순히 좋으니 무조건 BIM으로 가야 한다고 전제하고 의무화하는 것은 여러 가지 문제를 낳게 된다. 설계 프로세스의 혁신이나, 회사 역량과는 무관하게 납품용 BIM이 성행하는 이유에는 '그래서 누가 좋은데? Qui bono?'라는 본질적인 문제가 존재한다.

5. BIM to Machine 그리고 BIM to Human

설계의 완성은 디테일이지, 스케치나 도면 자체가 아니다. 디테일을 완성한다는 것은 결국 건축가의 심상에 존재하는 건축물과 동일한 가상의 건축물을 완성해가는 과정이며, 도면은 그 완성도를 드러내주는 것이다. BIM은 그러한 가상건축물을 표현하는 언어이지, 도면 자체는 아니다. 또한 BIM의 3D라고 하는 것도 표현의 한 방법이며 그 자체는 아니다. 다만 실무 현장에서 BIM 3D의 활용 가치는 강력하다. 이는 설계와 현장 기술자 간의 커뮤니케이션과 협업에서 정확한 3차원 정보, 특히 도면으로 표현되어 있지 않아서 샵 드로잉과 현장 기술자의 경험, 심지어 용접 기술자의 임기응변으로 처리되던 문제를 정확하게 다룰 수 있게 한다. 그것을 정확히 실체화하는 문제는 사람의 문제이지 이제 정보 부재의 문제는 아니라는 것이다. 실제로 현장 경험을 앞세워 설계사의 파견 직원을 무시하던 노련한 현장 기술자들도, BIM 도구를 이용해서 3차원 단면 형상을 즉석에서 뽑아주면 점점 BIM을 믿기 시작한다. 물론 그보다는 인간적으로 신뢰를 쌓는 것이 우선이겠지만.

무수한 설계 대안을 넘나드는 초기 설계는 설계의 가장 창의적인 특성이라 할 수 있다. BIM 기반 디지털 모델의 미덕은 성능의 문제를 초기 설계단계로 가져와 데이터에 기반한 의사 결정을 가능하게 한다는 것이다. 디테일과 설계 대안 탐색은 설계 프로세스의 가장 중요한 목표이자 특성일 것이다. 이러한 과정에서 2차원 도면은 다양한 표현 방법의 하나일 뿐이다. 가상 건물의 디지털 정보를 활용한 다양한 성능 시뮬레이션은 설계자의 직관에 정당성을 부여할 수 있게 한다. 소위 성능 지향적 설계를 할 수 있게 한다는 것인데 그 '느낌'을 정량적, 객관적으로 설명할 수 있는 도구를 제공해주는 것이다. 설계자는 수많은 생각의 흐름이 얽힌 디자인 공간에서 버전 Version 과 대안 Alternatives 을 거듭 수정하고 관리자는 동시 진화하는 설계의 부분과 전체들을 통합하면서 선택과 폐기를 반복한다. 디자인 도구는 사유의 확장을 위한 것이고 BIM 도구는 선택과 집중을 위한 것이다.

대학에서 BIM 수업의 목적은 다크서클 자욱한 모델러의 양성은 아니다. 단축키 신공이나 손끝 감각으로 자기도취에 빠질 필요도 없다. BIM 모델의 부재 하나하나에 부여된 의미는 최종적으로 사람이 아닌 기계를 향하고 있기 때문이다. 기계는 가르쳐야지 기계랑 경쟁하면 인생이 고달프다.

지오메트리 정보의 정확성을 넘어서 디지털 모델이 구문론적, 의미론적 지능을 가진다는 것의 의미는 크다. 이는 부재의 위치, 부재 간의 관계, 시간적 순서, 물성을 포함한 정보들이 디지털 매체로서 유통될 수 있다는 것이다. 어떤 실 공간을 구성하는 벽체와 바닥이 무엇인지, 어떤 벽체가 어떤 벽체와 접하고 있는지, 어떤 개구부는 어떤

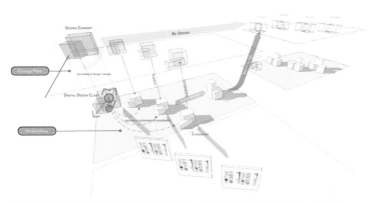

Fig. 9 설계 표현물의 진화 개념. Digital Design Evolution Model v.0.8. 이미지 제공: Design Informatics Group, SKKU

벽체의 어디에 위치하는지, 어떤 문짝이 어떤 개구부에 부착되었는지에 관한 지식을 모델이 담고 있다. 이러한 정보모델의 의의는 결국 사람을 향하고 있지 않다. 그 정보를 해석하고 규칙을 실행할 기계의 세상을 가능하게 하는 것이다.

전산화의 종착점은 인간이 아니라 기계이다. 궁극적으로 기계-대-기계 커뮤니케이션 M2M Communication, 기계-대-기계 트랜잭션 M2M Transaction 을 가능하게 한다. 알고리즘이 정보모델을 넘나들면서 공간정보를 추출하고 부재의 특성과 연결 관계를, 재료의 물성을 훑는다. 건물을 평가하고, 디자인을 제안하고, 건물을 구성한다. 자재를 주문하고, 프로젝트 코디네이션을 한다.

과거 XRef[8] 기술 기반의 통합 도면 관리가 건축 CAD 업무관리의 정점이었다면 BIM 기반의 통합 모델, 즉 마스터 모델은 설계 및 시공 프로세스에서 설계사를 포함한 다양한 엔지니어링사의 데이터를 하나의 가상 건물로 통합한다. 이러한 모델은 이론적으로는 설계 초기 단계에서부터 건물의 시공, 최종적인 사멸 이후에도 건축물의 디지털 영혼으로 남아 구천을 떠돌 것이다. 가상 건물을 구성하는 부분 모델과 엔지니어링 데이터는 국지적으로 변경과 진화를 거듭하고 그 변화는 전체 모델에 반영된다. 마찬가지로 전체적인 기본 틀의 변화는 부분 모델들을 모두 통제하는 마스터 모델의 역할을 한다.

궁극적으로 이러한 부분 모델, 디지털 건축 컴포넌트들은 내장된 지능과 파라메트릭 유연성을 가지고 클라우드에 존재하게 될 것이다. 이들은 초기에는 온라인 라이브러리처럼 활용될 것이다. 즉 설계자는 디지털 설계환경에서 온라인 패밀리 컴포넌트를 사용하여 가상 건물을 구축한다. 지능적인 디렉터리 서비스는 클라우드에 존재하는 무수한 컴포넌트 중에서 설계자가 원하는 컴포넌트를 찾아주고, 컴포넌트 사용료가 지급된다. 가상 건물을 구축하는 지능적인 디지털 컴포넌트는 그대로 건물의 전체적인 특성에 반영되고 성능 시뮬레이션, 물량산출, 온라인 자재 구매 등에 사용된다. 그러나 여기까지는 여전히 '코로나 이전'다운 업무 모델이다. 결국에는 인공지능 건축가가 이러한 컴포넌트를 이용하여 가상 건물을 만들고 유명 건축가의 브랜드로 커스터마이즈된 가상 건물들이 메타버스 세계에서 범람할 것이다. 그 가상 건물은 물리적 건물로 발주될 수도, 사이버 공간으로 발주될 수도, 유튜브를 위한 콘텐츠로 판매될 수도 있다. 무한 가공이 가능한 디지털 건축 Process-able Architecture 이 되는 것이다.

이러한 비인간적 숙명에도 불구하고 BIM 기반의 디지털 건축은 더욱 인간적인 인터페이스로 경험될 것이다. 그것은 메타버스와 같은 사이버커뮤니티일 수도 있겠지만 좀 더 진지한 건축 설계 환경의 시나리오도 가능하다. 예를 들어, 건축 시뮬레이션에서 많이 사용되는 CFD 전산유체역학 는 풍동실험의 디지털 메타포어에 의존한다. 태생적으로 항공기 등의 프로토타이핑에 사용된 것이어서 이를 건축에 응용할 때도 건물을 항공기처럼 다룬다. 창조주의 시점에서 건물을 휘감는 기류의 화살표들이 만들어지고 엔지니어들은 의기양양해 한다. BIM은 건물 정보 외에 환경 정보, 인간의 행태 정보 등으로 확장될 것이다. 영화 매트릭스 Matrix 의 시민들처럼 비록 기저에는 기계를

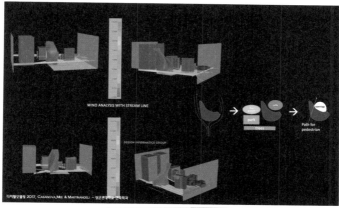

Fig. 10 BIM은 건물 정보 외에 환경 정보, 인간의 행태 정보 등으로 확장될 것이다. 사람들은 더 사람 중심의 건축 설계 성능의 사전경험과 설계 참여를 할 수 있게 된다. 건축학과 수업 중 CFD 프로그램을 사용하여 건물의 미기후를 시뮬레이션하고 설계 의사 결정의 중요한 데이터로 활용하는 사례. 이미지 제공: Design Informatics Group, SKKU

위한 디지털 모델이 존재하지만, 사람들은 더 사람 중심의 건축 설계 성능의 사전경험과 설계 참여를 할 수 있게 된다. 생경한 CFD 대신에 사람들은 주거 단지의 산책로를 걸어보면서 어느 봄날 단지 내 정원 사이로 불어오는 미풍의 흐름을 시각적으로 확인할 수 있고 계절의 변화에 따른 정원의 색상 변화를 만끽할 수도 있다.

정보모델은 현재보다 환경과 인간에 대한 정보를 확장하는 Built Environment Model BEM [9]로 진화할 것이다. 이는 현재의 BIM보다 훨씬 인간적인 인터페이스로 다가와 건축 성능을 훨씬 사용자 중심으로, 그리고 다양한 방식으로 예측 경험할 수 있게 해줄 것이다. 또한 건축공간과 관련된 무수한 서비스를 만들 수 있을 것이다. 그러나 최종적으로 BIM은 알고리즘을 위한 환경이다. 매트릭스의 경험은 우리의 것이지만 매트릭스를 구성하는 것은 알고리즘이다.

1 나사니엘 칸, 루이스 칸에 대한 다큐멘터리 필름인 My Architect: A Son's Journey(2003) 중에서

2 루이스 칸

3 DeLanda, Manuel. 2001. 'Philosophies of Design: The Case of Modeling Software', Alejandro Zaera-Polo and Jorge Wagensberg(eds.). Verb: Architecture Boogazine, Actar(Barcelona), 139

4 객체 지향성(Object-Oriented System)에 대해서는 2장. 디지털 디자인의 〈건축물이라는 클래스〉를 참조

5 알베르티, 『알베르티 회화론』, 노성두 옮김(사계절출판사, 1998)

6 피지컬 트윈은 학계나 학계나 산업계에서 통용되는 용어는 아니며, IoT 기술 등을 사용하여 건물의 거동이나 성능을 모사하는 스마트한 모델을 지칭한다. 저자의 관련 연구에서 사용되는 용어.

7 장 보드리야르, 『시뮬라시옹』, 하태환 옮김(민음사, 2001)

8 XRef: 외부참조. CAD 작업에서 여러 도면 파일을 하나의 호스트 파일에서 통합 관리하는 형식 또는 기술. Autodesk.

9 Built Environment Model(BEM). 영국의 건축 엔지니어링 회사인 ARUP에서 제시한 개념.

Chapter 4

가상성
Virtuality

가상성
Virtuality

1. 재현, 생성, 가상화

　　"저명한 원로 과학자가 어떤 것이 가능하다고 이야기한다면 대부분
맞는 말이다. 하지만 불가능하다고 한다면 대부분 틀린 말이다."

　　***"If an elderly but distinguished scientist says that something
is possible, he is almost certainly right; but if he says that it is
impossible, he is very probably wrong."***

- Arthur C. Clarke

　　1980년대를 기점으로 지난 40년간 CAAD Computer–Aided Architectural
Design 의 역사를 돌이켜보면 디지털 모델은 재현 Representation, 생성
Generation 도구의 역할을 거쳐서 어느덧 가상 건물 Virtual Building 로 바
뀌고 있음을 알 수 있다. 전통적으로 모델은 설계 아이디어를 가시적
인 형상으로 표현하여, 설계안을 분석하거나 평가, 또는 홍보하는 데
에 활용되었다. 특히 디지털 모델은 컴퓨터 그래픽 기술로 대표되는

디지털 매체를 활용하여 설계의 논리, 과정, 결과를 표현할 수 있게 하는 수단이다. 초기의 디지털 모델은 컴퓨터 그래픽의 이미지 표현 능력을 이용하여 설계자의 심상을 실제화하거나 구체화한 이미지로 표현하기 위해 활용되었다.

파라메트릭 설계 기법, 시뮬레이션 및 통합 정보모델 기술이 발달하면서, 디지털 모델은 복잡하거나 실험적인 형태를 만드는 과정뿐 아니라 설계의 구현 범위를 확장하는 데에 결정적인 역할을 하였다. 과거에는 상상하였지만 표현할 수 없었던 것을 표현할 수 있게 되었고, 표현이 가능해도 구현은 불가능했던 형태를 현실로 옮길 수 있게 된 것이다. 건축가는 궁극의 형태를 찾기 위해 자연이라는 교과서를

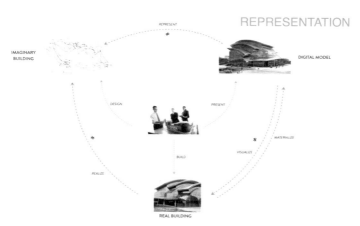

Fig. 1 Representation 단계 – 초기의 디지털 모델은 컴퓨터 그래픽의 이미지 표현 능력을 이용하여 설계자의 심상을 실제화하거나 구체화한 이미지로 표현하기 위해 활용되었다. 이미지 제공: Design Informatics Group, SKKU

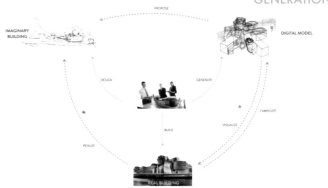

Fig. 2 Generation 단계 – 파라메트릭 설계 기법, 시뮬레이션 및 통합 정보모델 기술이 발달하면서, 디지털 모델은 복잡하거나 실험적인 형태를 만드는 과정뿐 아니라 설계의 구현 범위를 확장하는데에 결정적인 역할을 하였다. 이미지 제공: Design Informatics Group, SKKU

참조했었지만, 이제 이러한 도구들은 건축가에게 어떤 형태를 원하는지 되물어온다. 제너러티브 디자인 Generative Design 기술은 건축가의 상상에 의존하지 않고 오로지 물리적 최적성이라는 원리에 의해 형태를 창출하면서 스스로 자연을 창조하고 있다.

나아가 다양한 현실 모사 기술은 사물 네트워크 Internet of Things 기술과 결합함으로써 가상공간에서만 가능했던 사용자 서비스와 경험이 물리적 공간에서도 가능하게 되었다. 즉 과거의 가상공간에서만 누릴 수 있었던 중력으로부터의 자유, 공간의 무한 변용과 연계, 물성의 변화 등이 점점 물리 공간에서도 가능해지고 있다. 이 확장된 경험 기술에 의해 디지털 모델이 실제 건물과 같은 수준으로 구현될 수 있게 할 뿐 아니라, 마찬가지로 실제 건물 역시 물리적 한계를 뛰어넘는 디지털 모델과 같은 경험을 할 수 있게 한다. Virtualization 단계 물리 공간과 가상공간의 경계가 모호해지는 동시에 디지털 모델은 점점 도구의 역할을 넘어서 실제 건축물의 디지털 버전, 즉 가상 건물이 되는 것이다.

1980년대로 돌아가보자. 건축 분야에서 초기의 디지털 모델은 종래의 도면이나 모형을 디지털 미디어로 대체한 것이었다. 설계 과정에서 디지털 모델은 기존의 모형과 마찬가지로 설계자의 심상에 존재하는 어떤 이상적인 건축물의 형태 Ideal Form 를 표현하기 위한 도구로 활용된다. 이 형태는 설계자의 의도와 아이디어를 외재화 Externalize 하는 역할을 한다고 볼 수 있다. 또한 이러한 모델은 구현될 건축물의 형상을 미리 재현 Represent 하는 것이라는 점에서 종래의 모형과 같은 역할을 하였다. 때에 따라서는 디지털모델링이나 컴퓨터 그래픽 작업 자체가 수준 높은 장인정신이 있어야 하는 작업으로서 그 자체가 새로운 영역의 예술이 되어버렸다. 따라서 설계의 도

Fig. 3 제너러티브 디자인의 사례: Elements of Art and Space 전시 작품들. Ars Electronica, Linz(2017). 저자 촬영

Fig. 4 3D 프린팅 기술 개발은 재료의 싸움이 되고 있다. 로보암(Arm)의 공간적인 움직임이 새로운 재료를 만나면서 건축 생산에 있어서 3D 프린팅은 핵심적인 역할을 할 수 있게 된다. 이미지 제공: © B.A.T Partners(b—at.kr)

Fig. 5 제너러티브 디자인의 사례: 언더아머사는 운동화의 밑창 플랫폼 제작에 제너러티브 디자인 기술을 사용하고 있다. 생물의 뼈 구조는 자연이라는 신이 만들어낸 고도로 효율적인 구조체이다. 제너러티브 디자인 기술은 과거에는 상상할 수 없었던 생물학적 미세 구조를 무한 생성할 수 있다. 거기에 더해 최신 3D 프린팅 기술은 이러한 구조를 온갖 재료로 출력할 수 있다. Autodesk University 전시회. 저자 촬영

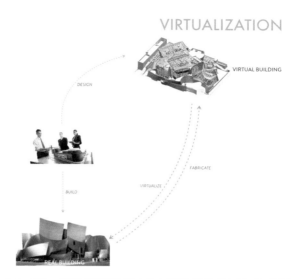

Fig. 6 Virtualization 단계 – 과거의 가상공간에서만 누릴 수 있었던 중력으로부터의 자유, 공간의 무한 변용과 연계, 물성의 변화 등이 모두 물리 공간에서 가능해지고 있다. 이 확장된 경험 기술에 의해 디지털 모델이 실제 건물과 같은 수준으로 구현될 수 있게 할 뿐 아니라, 마찬가지로 실제 건물 역시 물리적 한계를 뛰어넘는 디지털 모델과 같은 경험을 할 수 있게 한다. 이미지 제공: Design Informatics Group, SKKU

구라기보다는 결과물의 표현 수단으로 활용되는 것이 일반적이었다. 그럼에도 불구하고 매체의 역동성과 정밀성, 그리고 무한 복제 가능성은 모형이 가진 표현 능력의 지평을 확장하였고 생산성 측면에서도 비약적인 발전을 이뤘다고 할 수 있다. 이러한 창의적 응용은 일부 연구자나 창의적인 설계자에 의해 시도되었고 다양한 기술적 용어들을 양산했다.

　설계가 진행됨에 따라 추상적인 표현에서 구체적인 형상으로 발

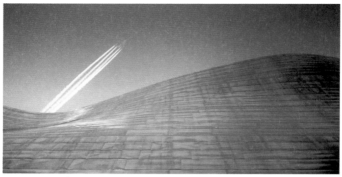

Fig. 7 알렉스 로만(Alex Roman)의 작업은 실제 건물과 구분되지 않는 극사실적 CG 애니메이션으로 유명하다. 컴퓨터 그래픽 작업 자체가 수준 높은 장인정신이 있어야 하는 작업으로서 새로운 영역의 예술이 되어버린 경우이다.

전하게 되겠지만 최종 단계의 디지털 모델이라 할지라도 여전히 실제 건축물의 불완전한 재현 Representation 에 지나지 않는다. 따라서 진정한 설계 도구로서의 디지털 모델은 그 역할이 초기에는 크게 주목받지 못했고 도면의 제작이나 사실성의 극대화에 노력을 기울여왔다. 이러한 노력은 포토리얼리즘 Photo-Realism 으로 대변되었다. 예전에 건축 설계 회사들이 현상설계를 위해서 상당한 출혈을 감내했던 컴퓨터 그래픽 CG 작업이 이러한 경향의 정점이었다. 극사실성의 추구는 실제 사진과 구별하기 어려운 CG 기술을 넘어서 인간의 오감에 호소하는 가상현실에까지 그 전통을 이어오고 있다. 이러한 기술은 다만 건축 설계 초기 단계의 도구의 역할에는 한계가 있었다. 1980년대와 1990년대 초를 아우르는 이러한 단계에서 건축과 디지털 모델은 각자의 표현영역과 존재 의미가 독립적으로 존재하는 상호 관조적인 입장이라고 할 수 있었다.

1990년대 후반에 들어서면서 디지털 모델은 새로운 단계에 들어서게 된다. 즉, 생성 도구로서의 디지털 모델이다. 디지털 모델은 솔리드 모델링, 파라메트릭 디자인, 건물 정보모델, 시뮬레이션 기술의 발달로 인해, 설계 요구 조건에 대응하는 설계 버전과 대안들을 효과적으로 생성할 수 있기에 설계 최적안 찾기Form-Finding 를 위한 도구로 변화한다. 파라메트릭 모델링 기법과 통합 정보모델링은 복잡한 설계 정보들이 일관된Streamlined 디지털 정보로 통합되게 함으로써 적은 비용과 적은 시간으로 구축할 수 있는 대안들을 신속하게 생성하게 한다. 또한 시뮬레이션 기술은 전반적인 건물의 성능을 정확하

Fig. 8 라이트(F. L. Wright)의 구겐하임 미술관. 구겐하임 미술관의 구현에 있어서 CAD의 역할은 전혀 없었다. 컴퓨터는 항상 이 건물을 재현하는 역할만 하게 된 경우다. 이미지 출처: Unsplash

Fig. 9 프랭크 게리의 빌바오 구겐하임 미술관(1997년 완공)은 생성 도구로서의 디지털 모델의 시대가 도래하였음을 극명하게 보여준 기념비적인 작품이었다. 저자 촬영

게 평가할 수 있게 하고 디지털 패브리케이션 기술은 정밀한 형태를 신속하게 제작Rapid Prototyping 할 수 있게 한다. 즉, 전산Computation 기반의 생성, 분석 방법과 디지털 생산기법을 활용함으로써 합리적인 형상과 시스템을 생성Generate 해낼 수 있게 되었다고 볼 수 있다. 이는 과거에는 건축가가 상상할 수 없었던, 상상하더라도 표현할 수 없었던, 표현이 가능하더라도 구현할 수 없었던 새로운 양상을 건축할 수 있게 한 것이다. 프랭크 게리의 빌바오 구겐하임 미술관1997년 완공은 생성 도구로서의 디지털 모델의 시대가 도래하였음을 극명하게 보여준 기념비적인 작품이었다고 할 수 있다.

초기 설계 단계에서 설계자의 심상에 존재하는 가상의 건물을 단순히 외재화하는 역할을 넘어서 디지털 모델은 오히려 설계자에게 건축적 아이디어를 제공하는 능동적 도구가 된다. 따라서 설계자는 가상의 건물을 디자인하면서 디지털 모델을 생성한다. 가상의 건물과 실제 구현될 건축물에는 여전히 차이가 존재하나 디지털 모델과 실제 건물은 시공 과정에서의 해석의 여지가 줄어들고, 짓는다Build고 하기보다는 제작Fabricate에 가까운 생산 프로세스가 개입됨으로써 결국 디지털 모델은 가상의 건축물로서 실제 건축물과 같은 지위를 가지게 된다.

향후 디지털 모델은 설계를 위한 재현 도구나 생성 도구의 역할을

넘어서서 실제 건물을 가상화하게 될 것이다. 즉 가상 건물로서의 디지털 모델은 물리적인 재료로 실제 건물을 구현하기 위한 도면이나 시방의 역할이 아닌 실제 건물의 도플갱어 Doppelgänger 로서 디지털 세계 저편에 존재할 것이다. 설계자는 실제 건물을 설계하는 것이 아니라 가상 건물을 설계하게 될 것이고, 디지털 패브리케이션 기술로 뒷받침된 생산 체인 Digital Chain 에 의해서 생산될 것이다. 건물 환경의 새로운 변경이나 운영방식의 사전 테스트는 실제 환경에서의 위험을 없애면서 가상 건물에서 다양하게 시도될 수 있고, 실제 건물 환경에서 일어나는 이벤트와 데이터는 가상 건물에 빅데이터의 층위로서 통합될 것이다. 가상 건물은 실제 건물을 제어하기 위한 실감 100%의 인터페이스가 될 수도 있으며 실제 건물에서 일어나는 일이 바로 반영되는 일종의 사이버 물리 시스템 Cyber Physical Systems, 혹은 디지털 트윈 Digital Twin 이 될 것이다.

2. 가상성의 시대

현 인류의 문명은 기계 이전과 이후, 그리고 컴퓨터 이전과 이후로 구분되어왔다. 상대성이론의 발견, 달 착륙이나, 원자폭탄의 충격에 버금가는 코로나 사태는 우리가 그동안 알게 모르게 저항해왔던 많은 것들의 고삐를 쉽게 풀어줄 것이다. 코로나 이전과 이후는 또 다른 세상을 구분하게 될 것 같다. 신종 코로나와의 전쟁 중에 실감하게 된 것 중의 하나는 물리적 공간의 압축 가능성이다. 위축된 활동으로 인해 일시적으로나마 여유로운 공간을 즐겼지만 이내 우리는 지금보다 압축된 공간에서 일상적인 경제활동을 할 수 있음을 깨닫게 될 것이다. 학교를 비롯한 공공건물은 온라인 강의와 공간 관리 시스템을 적극적으로 도입하면서 공간 활용도를 극대화할 것이다. 또한 CMS 콘텐츠 관리 시스템에 의해 관리되는 공간은 요구에 따라 물리적 양태와 기능을 변화함으로써 공간 압축도를 극대화해줄 것이다. 우리는 삶을 담는 용기用器로서의 공간에 사람이 물리적으로 속하는 건축개념에 익숙해 있지만, 조만간 우리는 무수한 기능 집적체로서의 디지털 공간의 출현을 보게 될 것이다. 육체적 삶과 정신적 활동의 분리가 현실화하면서, 이러한 공간은 더는 우리가 물리적으로 활동하는 삶의 용기가 아니라 우리가 휴대하고 전송하고 생성 파기 변용하는 가상공간이 될 것이다. 재택근무의 수요로 인해서 주거 공간이 지금보다 넓고 쾌적해져야 한다는 관측이 있으나, 이에 비해 가상공간은 훨씬 더 폭발적으로 증식될 것이다. 다양한 필수 업무가 가상화되면서 헤아릴 수 없이 많은 가상공간에 우리의 복사본이 활동하게 될 것이다. 대면, 비대면의 문제가 아니라 우리의 정신이 디지털화, 공간 친화적으로 되는 것이다.

과거 흑사병이나 스페인 독감의 창궐을 실제로 겪어보지 못한 우리로선 현 사태에 대해서 과도한 무게를 부여하고 있는지도 모른다. 큰 차이가 있다면 그 옛날의 사태가 풍문을 통해서 천천히 막연한 공포를 전파했지만, 현대사회에선 실제 상황이 실시간으로 전달되고 공포는 더 빨리 내 눈앞을 잠식한다는 것이다. 코로나 사태의 본질은 상황이 너무 현실감 있다는 것이고 공포가 현실보다 앞서 우리에게 백기를 요구하는 전령으로 들이닥친다는 것이다. 대중매체와 알고리즘의 뒷담화는 그러한 공포를 전대미문의 속도로 확대·재생산해낸다. 카이사르가 루비콘강을 건넜던 시절, 로마 군단은 무장을 해제하고 민간인의 신분이 된 상태에서만 로마로 귀환할 수 있었다. 전쟁이라고 하는 것은 변방에서 진행되는 것이고, 모든 상황은 전령을 통해서, 혹은 풍문을 통해서만 알 수 있었다. 전쟁이라는 것은 가상의 공간에서 일어나는 비현실이었다. 1차 세계대전 당시 독일의 체펠린 Zeppelin 비행선, 그리고 그 뒤를 이은 고타 Gotha 폭격기가 런던을 공습하기 전까지 전쟁은 가상공간에서 일어나는 일이었다. 폭탄이 민간인 머리 위로 떨어지는 시점에서 전쟁은 현실의 공간이 된다. 가상공간이 사라진 것은 아니다. 가상공간은 폭격기의 승무원이 탑승한 공간으로 전이된다. 이러한 가상성은 거주 공간의 의미를 급진적으로 변화시켰을 뿐만 아니라, 공간을 설계하고 생산하는 주체도 전도하게 될 것이다. 제조업과 마찬가지로 건축 생산 프로세스에서 가상 건물의 역할이 지대해질 뿐만 아니라, 공간의 사용자가 만들어내는 무형의 데이터는 새로운 공간을 창출하는 도구로 변모한다.

시간이 얼마나 걸릴지는 몰라도 우리는 결국 코로나 이후의 시대를 맞을 것이다. 한 번 저지르는 게 어렵지 두 번 세 번은 너무 쉽다. 알고리즘은 우리의 프라이버시를 쉽게 여기고, 면대면 상호작용과 인간의 개입은 점점 설 자리를 잃게 될 것이다. 당장은 신종 코로나 대응을 위한 많은 조치가 인가되고 찬양받지만, 어느새 사람들은 거대 데이터 기업들이, 거대 온라인 상거래 플랫폼의 알고리즘이 마음대로 통제하는 데이터 플랫폼의 착한 시민으로 살아가게 될 것이다. 그리고 인류는 인류가 만들어내는 것이 아닌 알고리즘이 만들어내는 새로운 신과 개념들을 믿으며 살아가게 될 것이다. 그런데 혹시 코로나 이후의 세계가 도래하기 전에 이미 알고리즘이 승리하고 있는 것이 아닐까?

포스트 코로나 건축이 비공유, 비대면, 자족적 구조로 발전할 것이라는 예상은 사실 하나 마나 한 이야기이다. 대중매체에서 늘 자행되는 일이지만, 일반인도 뻔히 예상하는 이야기를 전문가가 굳이 할

Fig. 10 시간이 얼마나 걸릴지는 몰라도 우리는 결국 코로나 이후의 시대를 맞을 것이다. 면대면 상호작용과 인간의 개입은 점점 설 자리를 잃게 될 것이다. 이미지 제공: 윤기병 교수(이 책의 추천사를 써주셨다.)

필요도 없다. 수천 년간 지속되어온 주거의 양상이 그렇게 쉽게 바뀌지도 않을 것 같다. 건축이 특별한 방향으로 기능적으로 되지도 않을 것이다. 먹고 입는 것이 달라지지도 않을 것이다. 달라진다면 건축이 아니라 사람이 달라질 것이다. 포스트 코로나 시대의 인간은 훨씬 알고리즘 친화적이고 알고리즘의 일부가 될 것이다. 그리고 알고리즘이 원하는 삶을 살아갈 것이다. 건축의 존재 형식은 그렇게 중요하지 않게 된다. 건축을 인식하고 경험하는 방식은 알고리즘이 더 좌우할 것이다.

1945년 바네바 부쉬 Vannevar Bush 가 메멕스 Memex 를 통해 꿈꾸었던 하이퍼미디어의 세계는 광대한 지구촌의 통신 네트워크와 마이크로칩의 양자적 공간 모두를 가로지르는 공간이 되었다. 로봇화된 모빌리티와 운송 수단, 그리고 자기 부상 엘리베이터 등은 건축공간을 무한히 확장 또는 압축 가능한 것으로 만든다. 집안을 차지하고 있던 잡동사니들은 버튼 하나로 사라지고 소환될 수 있으며, 재편 가능한 Reconfigurable 공간은 사용률을 극대화하여 실질적인 공간 압축을 가능하게 한다. 또한 물리 공간과 결부되어 수행되었던 인간의 지적, 경제적 활동의 대부분이 디지털 정보로 변용되고, 그로부터 파생되는 공간정보는 MP3의 그것처럼 무한 가공되어 무수한 사이버스페이스로 존재할 것이다. 온라인 교육의 내용은 기계에 의해 학습되고 분석되어 더는 교수자나 학습자를 매개로 하지 않을 것이며, 사무실과 작업장은 우리의 불완전한 디지털 분신들이 활동하는 무수한 전자적 공간의 층위로 이전될 것이다. 코로나 사태 이후 우리는 "사치스러운 쓸모없음의 징표"[1]가 될 물리적 공간으로서의 주거 건축에 대한 논의를 새롭게 할 필요가 있다.

가상 건축이 현재의 물리적 공간을 그대로 모사 模寫 해야 한다는 것은 소박한 환상이다. 게임 스페이스, 나아가 가상공간을 디자인하는 버추얼 아키텍트 Virtual Architect 라는 직업이 유망한 직종으로 떠오르고 있는 가운데, 대중매체에서 그려지는 가상공간은 대중의 소박한 기대가 투영된 '가상공간 스타일'의 공간이다. 기능주의 건축이 기능적이기보다는 기능을 상징했던 것처럼, 실제로 현재의 가상 건축은 본질적인 개념의 변화 없이 가상성 Virtuality 그 자체를 상징하는 경우가 많다. 이것은 80년대의 포스트모던 건축의 상황과 유사하다. 사이버 스페이스는 대중매체에 비치는 극사실적인 혹은 테크노 스타일의 모습과는 전혀 다른 양상으로 전개될 수 있다. 사이버 스페이스에서 생존하기 위하여 인간은 기존 삶의 양식과 단절해야 하는 극단적인 상황이 전개될 수도 있다.

디지털 미디어는 건축과 이종 분야를 접목할 수 있게 하는 강력한 용매이다. 사이버 스페이스는 새로운 형태의 건축과 디자인 방법론의 가능성을 제공한다. 이러한 종류의 건축은 중력의 지배를 받지 않으며 물리적 공간의 제약을 받지 않는다. 층은 레이어 Layer 로, 개구부는 하이퍼링크로 치환되며 벽과 창문은 무수한 정보의 단편으로 조합 가능한 비물질적 인터페이스로 대체된다. 이제 건축은 사이버 스페이스에 존재하고 컴퓨터의 메모리, 또는 네트워크의 전부이자 일부이다. 건축과 컴퓨터의 경계가 모호해지는 건축 겸 컴퓨터

Architectura cum Machina 의 시대를 맞이하고 있다. 건축 분야는 가상 현실 기술을 포함한 다양한 기술들을 '물리적 실체', 즉 건물을 구현하기 위한 도구로 다뤄왔지만, 이제 '가상성'이 구현의 궁극적 목표가 되는 것이다. 가상성은 결국 장인의 도구에서 정신의 확장을 위한 도구가 되는 것이다.

3. 태생적 한계

"온 세상은 하나의 수수께끼란 걸 확신하게 되었네. 아무런 해가 없는 수수께끼…. 그러나 거기에 마치 어떤 진리가 숨어있다고 믿는 사람들의 광기가 그 수수께끼를 망쳐놓지…."

"I have come to believe that the whole world is an enigma, a harmless enigma that is made terrible by our own mad attempt to interpret it as though it had an underlying truth."

- 움베르토 에코 *Umberto Eco*, 『푸코의 진자 *Foucault's Pendulum*』

모처럼 맑아 보이는 어느 날 아침, 스마트폰에서 미세먼지 모니터링 앱을 열어본다. 직접 눈으로 보고 예상한 것과는 달리 의외로 붉은색의 위험 수준 아이콘으로 가득 찬 화면에 경악하며 새삼 호흡에 부담을 느끼게 된다. 조금 전까지 청명했던 하늘은 어느새 오염물질이 잔뜩 내려앉은 희뿌연 하늘로 재인식된다. 눈에 보이는 것이 전부는 아니라는 말처럼 어느새 눈으로 보이는 세상은 우리가 사는 세상을 제대로 보는 것이 아님을 알게 된다.

보드리야르Jean Baudrillard에 의하면 시뮬라시옹Simulation은 더는 영토 그리고 이미지나 기호가 지시하는 대상 또는 어떤 실체의 시뮬라시옹이 아니다. 오늘날의 시뮬라시옹은 원본도 사실성도 없는 실체, 즉 파생 실재를 모델들을 가지고 산출하는 작업이다. 영토는 실재에 선행하여 존재하지 않으며, 지도가 소멸한 이후에는 더는 존속하지 않는다. 이제는 지도가 영토에 선행하고 심지어 영토를 만들어낸다. 보드리야르는 여기서 보르헤스를 인용한다. "제국의 지도학은 너무 완벽해서 한 지역의 지방이 도시 하나의 크기였고, 제국의 지도는 한 지방의 크기에 달했다. 하지만 이 터무니없는 지도에도 만족 못한 지

Fig. 11 스마트폰 화면은 파생 실재의 집적체이다. 눈에 보이는 것이 전부는 아니라는 말처럼 어느새 눈으로 보이는 세상은 우리가 사는 세상을 제대로 보는 것이 아님을 알게 된다. 이미지 출처: Unsplash

도제작 길드는 정확히 제국의 크기만 한 제국 전도를 만들었는데, 그 안의 모든 세부는 현실의 지점에 대응했다. 지도학에 별 관심이 없었던 후세대는 이 방대한 지도가 쓸모없음을 깨닫고, 불손하게 그것을 태양과 겨울의 혹독함에 내맡겨버렸다. 서부의 사막에는 지금도 누더기가 된 그 지도가 남아있어, 동물과 거지들이 그 안에 살고 있다. 온 나라에 지리학 분과의 다른 유물은 남아있지 않다."[2]

물리적 실체로서의 공간의 의미는 그것에 서식할 수 있는 무한한 이야기에 비하면 한낱 벽돌 사이의 틈만큼이나 좁고 가벼운 것이다. 건축은 공간을 창조하는 예술이지만 그렇다고 그것이 전부는 아니다. 건축의 기성세대는 공간에 부여될 수 있는 가공성 Process—ability 이나 상품성 대신에 낭만적인 해석으로 풍경화한 경향이 있다. 그러나 공간이 가지는 미학적 권력이 일상성을 초월하여 영원히 군림할 수는 없다. 현실에서 마주하는 것은 공간을 구성하는 벽체나, 기둥 하나하나의 디테일과 그것들이 구성하는 의미망 Semantic Network 이다. 공간에 부재 Absence 하는 존재 Presence 들은 가상세계에 끝없이 연결되어 있다. 디지털 시대의 탈공간화된 다양한 의미와 행위의 지도가 실제 공간을 압도한다.

'공간'이라는 대상에 요즘 잘 나가는 비즈니스 모델의 어휘들을 결합해보자. 공간-유튜버, 공간-서브스크립션, 공간-프린팅, 공간-O2O, 공간-디지털 트윈, 공간-커스토마이징, 공간-인공지능, 공간-클라우드, …. 이런 조합을 생각해보면 공간이라는 개념이 애초에 얼마나 공허하고 실속이 없는 것인지 알 수 있다. 그것들은 시간이나 이야기와 같은 특질에 의해서만 반응하고 수익이 창출되는 것이지 공간의 물리적 특성이라는 것 자체는 애초에 의미가 없다. 소위 MZ세대는 실제의 거주 공간이나 소지품 못지않게 디지털 아이템을 사재고 사이버 영역을 구축하는 것에 정성을 들인다. 이러한 디지털 자산Digital Assets 들은 커뮤니티의 구성원들에 의해서 직접 만들어지고 거래된다. 그들은 스스로 건축가이자 콘텐츠 제작자이다. 직업적으로 만드는 이들도 무수히 활동하지만, 그들은 총체적인 공간이나 용도를 염두에 두지 않고 아이템들을 만들고 거래한다. 암호화폐와 블록체인 기반의 기술들은 이러한 공간들에 실체성Actuality 을 더 부여한다. 역설적으로 가상성은 실체성을 강화해주는 수단이 된다. 그뿐만 아니라 어느새 이러한 자산들은 알고리즘이 변형해내고 스스로 진화한다. 이러한 공간의 세계관을 작성하고 스토리텔링을 하는 사람들을 가상세계에서는 아키텍트Architect, 즉 건축가라고 한다. 가상과 물리 세계의 경계가 없어지는 세계에서 건축가는 공간을 창조하는 것이 아니라, 스토리텔링을 하고 세계관을 만드는, 혹은 '꿈'을 그리는 직업이다.

유튜브와 같은 영상 공유 매체는 1인 방송 시대를 열었고, 오렌지 혁명과 같은 사회적인 변화를 불러일으켰다. 누구나 방송을 할 수 있다는 점이 언론의 민주화에 크게 이바지하겠지만, 그렇다고 양질의 언론을 보장하지는 않는다. 그러나 그것이 만들어내는 광고 수익과 파생산업의 생태계는 실로 어마어마하다. 누구나 콘텐츠를 생성할 수 있다는 것의 의미는 민주화보다는 새로운 경제 체제이다. 대학교를 졸업하지 않아도 게임 환경에 익숙하고 유튜브와 같은 매체를 통해서 솜씨를 갈고닦은 풀뿌리 디자이너들이 게임 캐릭터를 디자인한다. 그들은 디지털 자산의 생산과 소비를 동시에 하는 프로슈머들로서 대중화된 최신 디지털 기술을 최대한 활용한다. 홈오피스에서의 3D 스캐닝과 3D 프린팅은 기본이다. 모델을 무한히 복제하고 변형하며 이들 물리 세계와 디지털 세계를 넘나드는 이들에게 기존의 건축공간이나 부동산의 개념은 전혀 다르게 인식된다. 물리적인 것이 결코 가상성에 우선하는 가치를 가지지 않는다.

그럼에도 불구하고 그들이 모두 킬러 앱 캐릭터를 만드는 것은 아니다. 이들은 3D 스캐닝을 통해서 입체 모델을 그대로 디지타이징하여 캐릭터를 만드는 솜씨를 부리지만, 조소를 제대로 공부한 디자이너들이 만든 캐릭터는 클래스가 다르다. 그들은 특징을 잡아내고 상상력을 부여하여 차원이 다른 캐릭터를 만들어낸다. 이러한 능력은 특별한 재능과 교육이 필요하다. 가상성은 그보다는 대중화와 관련이 있고 그것은 결국 상품성을 보장한다.

건축이 가성성을 가지게 된다는 것은 건축가가 아닌 누구나 건축을 할 수 있게 된다는 것이다. 그것은 빛과 매스로 빚어진 시가 아니라 디지털 자산과 연결성 Connectivity 으로 이뤄진 전혀 다른 건축이다. 그러나 스토리텔링을 하고 세계관을 창조하는 전문가가 극소수인 것처럼, 상상력 충만하고 꿈을 현실로 만들어주는 전문가는 결국 재능 있고 제대로 교육받은 건축가이다. 건축가는 상상력을 발휘해 물리적으로든 가상적으로든 건축에 꿈을 담아줄 수 있어야 한다. 낭만적 신화의 겉치레를 버리고, 외연을 확장하여 새로운 기술 플랫폼에 유연하게 이식될 때 공간은 전대미문의 비즈니스를 창출할 수 있다.

코로나 이후, 기능적 공간 단위들의 알고리즘적 조합과 전자적 활동이 현실적인 인간의 삶이 될 가능성을 직시하면서, 가상 건축은, 우리가 통상적으로 빌어오던 디스토피아적인 미래의 캡슐 주거나 매트릭스가 아니라, 과거의 향수를 충족시켜줄 '현실적인' 경험 공간이 될 수 있다는 것이다. 즉 우리의 현실이 가상공간이 되고 가상의 미래가 현실이 되는 상황이다. 육신의 추억과 감각의 축복도 다 '의미 없는' 정신적, 아니 생화학적 작용이라면 우리의 건축도 생화학적 작용의 단말기가 되지 말라는 법이 있을까?[3] 어떤 의미에서 건축가는 항상 가상 건축을 만드는 역할을 해왔다. 다만 앞으로는, 물리적 실체의 디자인-빌더 Builder 라기보다는 공간의 스토리텔러가 될 가능성을 생각해볼 수 있다. 육신이 활동할 공장 제품 공간에 예술적 부가가치를 제공하는 작업, 전자 공간의 지친 영혼에 꿈을 선사하는 직업…. 공간 스토리텔러, 드림 코디네이터, 추억 디자이너 ….

우리 세대의 태생적 한계를 몇 가지 들라면 첫째, 실제로는 출세만이 살길인 험한 시대를 살아오면서 알게 모르게 "황금 보기를 돌같이하라." 하는 배금주의적 가면을 써왔다는 것이다. "예술가는 고매하다. 건축은 예술이다. 고로 건축은 상품이 아니다." 일반인들은 상품 같은 집을 원하는데 건축가는 예술을 지향한다. 이것이 왜곡되어 어떤 건축가들은 예술을 주장하면서 제품의 품질을 공허한 경구로 커버하기도 한다. 두 번째는 정주定住에 대한 강한 집착이다. "밥은 빌어먹고 다녀도 잠은 집에 와서 자라!" 어른들이 자주 하는 말씀이다. 밥 얻어먹은 것은 흉이 아니지만, 주거지 부정은 범죄행위(?)에 해당한다. 노마디즘 Nomadism 은 역마살로 항상 백안시되어왔다. 세 번째는 '가상성에 대한 개념 없음'이다. 우리의 역사교육은 조개무지가 어느 시대의 유적이라는 것 외에는 가르치지 않는다. 따라서 조개껍데기가 어떻게 화폐의 역할을 할 수 있었는지를 가르치지 않고 화폐 자체의 가상성에 대한 개념을 가르치지 않기에, 가상화폐 혹은 블록체인과 같은 개념을 이해하는 데 태생적인 한계가 있다.

디지털 시대의 경쟁력을 갖춘 설계 회사들은 가상성과 노마디즘

Fig. 12 디지털 시대의 경쟁력을 갖춘 설계 회사들은 가상성과 노마디즘의 플랫폼 위에 존재한다. LAVA는 그러한 플랫폼 위에서 회사의 브랜드(Brand)를 글로벌화한다. 파트너들도 직원들도 거주지, 본사, 지사, 작업장의 시간과 공간에는 어떤 제약이 없다. 설계 데이터가 대부분 클라우드에 존재한다. 출력을 위한 시설, 모형 제작도 가상화되거나 범세계적으로 외주화된다(Work Smart & Multi-Disciplinary). 이미지 제공: LAVA(텍스트는 저자 삽입)

의 플랫폼 위에 존재한다. 이러한 유형의 설계 회사는 가상적인 조직에 존재한다. 파트너들도 직원들도 거주지, 본사, 지사, 작업장의 시간과 공간에는 어떤 제약이 없다. 설계 데이터가 대부분 클라우드에 존재한다. 출력을 위한 시설, 모형 제작도 가상화되거나 범세계적으로 외주화된다. 설계자보다 이러한 자원을 찾아내고 코디네이션하는 인력의 중요성이 커진다.

현대건축의 강력한 디지털 설계 도구들은 과거 건축의 천재들이 풀고자 했던 위대한 자연의 문제에 대해서 가상성이라는 인터페이스를 제공한다. 건축가는 건축을 창조하기보다는 가상의 선과 면을 조합하는 디지털 컴포넌트의 에디터이자 프로세스의 코디네이터의 역할을 하게 된다. 어느덧 이러한 가상성은 설계의 주요 과정을 자동화하고 건축가의 개입을 최소화하는 동시에 건축가나 건축 설계 회사의 설계 전략과 지식 Institutional Knowledge 을 알고리즘화한 로봇으로 진화한다. 산업 분야에서 가장 뜨거운 키워드인 디지털 트윈 Digital Twin 은 그저 실제 장비나 건축물을 디지털 모델로 관리하는 것에 그치지 않는다. 결국 무게 중심은 디지털 모델, 즉 가상성으로 옮겨가게 될 것이다. 아니, 가상과 실제와의 경계가 허물어질 것이며, 건축가나 사용자의 실제성이라는 것은 전혀 다르게 정의될 것이다. 그리고 이 과정에서 인공지능이 인간 건축가나 기술자의 역할을 더 맡게 될 것이다.

페이스북은 누군가가 우울증을 앓고 있는지 알 수 있다고 한다. 자살의 충동이나 테러의 전조를 읽어낼 수도 있다.

이미지의 폭력에 압도당한 우리는 이미 인스타그램 사진 한 장을 건지고 체중 관리를 위해 음식 대부분을 버리거나 산티아고 순례길을 택시로 주파하고 인증사진으로 자기도취에 빠지는 이들을 흔히 목격한다. 프라이빗 제트의 탑승 인증사진만을 위해 지상에 계류된 제트기도 있다. 온갖 먹방 콘텐츠와 관음증적인 대리경험 콘텐츠는 초등학교 시절 불국사 수학여행처럼 피상적인 경험의 넓이를 무한 확장시키고 있다.

나는 비 오는 날 카페의 창밖 풍경과 그 순간의 기분을 포스팅하면서 창밖의 살벌한 풍경 사진 대신 무료 이미지 사이트인 '언스플래쉬'를 사용한다. 우리의 경험은 이미 시공을 초월한 온라인 정보의 조각들을 쉽게 조합해서 무한 창조할 수 있다. 또한 그러한 작업마저 우리의 의지와 상관없이 자동화되는 상황이 곧 올 것이다.

이러한 시점에서 장소의 의미는 무엇일까? 진정성이나 물화와 같은 무게 있는 주제를 다루고 싶지는 않다. 진정한 경험이라는 것 자체가 이미 시대착오적인 명제일 수도 있다.

〈토탈 리콜〉이란 영화가 생각난다. 화성 여행 가상현실 패키지…. 유튜브의 알고리즘은 이미 우리의 취향과 이력 정보를 분석하여 맞춤형 영상 컬렉션을 제공해준다. 조만간 유튜브 영상은 가상현실 콘텐츠로 확장될 것이며 우리의 욕망에 부합되는 인공현실 그리고 조작된 기억을 심어줄 것이다. 우리는 자신의 욕망이 투사된 맞춤형 콘텐츠에 길들여지면서 그것이 실제 기억이라고 믿는 유튜브 리플리 증후군을 앓게 되지 않을까?

베아트리스 베뤼Beatrice Berrut 가 스위스 알프스로부터 들려주는 리스트의 〈위안〉 3번. 육중한 뵈젠도르퍼Bösendorfer 를 산정에 올리는 것도 쉽지 않았을 것이고, 영상 속의 현장이 유튜브의 음악과 동일한 것은 아니겠지만, 이미지는 실체를 압도한다. 그럼에도 불구하고 음악은 우리에게 '위안'을 준다.

리스트, 위안 3번. Beatrice Berrut

4. 디지털 트윈으로서의 세계

　영화 〈마션 The Martian〉(2015)에서 마크 와트니는 절묘하게 모래 속에 파묻힌 패스파인더 Pathfinder 를 찾아낸다. 지구와의 통신을 위해서이다. NASA는 와트니와의 통신을 위해서 JPL제트 추진 연구소 에 방치되어 있던 다른 패스파인더를 부활시킨다. 동기화된 두 패스파인더를 매개로 한 지구와 화성 간의 흉내 내기 게임은 기적 같은 마크 와트니 생환 작전의 서막을 올린다. 피지컬 트윈 Physical Twin 의 탄생

Fig. 13 NASA는 와트니와의 통신을 위해서 JPL(제트 추진 연구소)에 방치되어 있던 다른 패스파인더를 부활시킨다. 동기화된 두 패스파인더는 피지컬 트윈을 보여주는 사례이다. 영화 〈마션〉(2015)의 스크린샷

이다. 영화 속에서 이러한 피지컬 트윈의 미덕은 분명하다. 그리고 사람의 무게, 의자 하나의 무게, 볼트 구멍의 개수까지 패스파인더나 로버의 피지컬 트윈에서의 테스트를 통해 지상에서 확인되고 머나먼 화성에서 그대로 실행된다. 단 한 번의 실수도 생명을 담보로 한 모든 작전이 실패로 이어지는 절실한 상황에선 필수적인 절차이다. 트윈의 목적은 이러한 실감 검증이다. BIM이 지향하는 최종 목적인 가상 건물 Virtual Building 은 실제 건물의 분신 Alter Ego 로서 존재한다. 건물의 형상에 더하여, 센서 네트워크를 통해 건물에서 발생하는 데이터와 물리적 상태를 조합하여 실시간으로 모니터링해주는 가상 건물이 디지털 트윈이다.

요즘 자동차는 이미 많은 센서를 갖추고 있어서 실시간으로 상태를 모니터링하면서 운전자에게 경고를 보낸다. 타이어의 공기압이 살짝 떨어져도 가차 없이 경고를 보내며 일부러 기둥에 충돌하기도 어렵다. 이러한 선제적 유지보수는 소위 스마트시티의 보편적인 철학이며 궁극적으로는 환경에 대한 인간의 임의적 개입을 매우 어렵게 만들 것이다. 자동차의 디지털 기기에서도 소위 디지털 트윈이 작동하고 있다는 것을 짐작할 수 있다. 자동차의 디지털 분신들은 스마트시티 운영시스템의 메모리를 누비고 있을 뿐 아니라 그 자동차 속에는 나란 존재, 즉 운전자의 디지털 분신이 존재하고 있음을 짐작해야 한다. 그가 완벽한 나의 분신일 필요는 없다. 디지털 트윈의 세계에서 담당하고자 하는 수준에서만 디지털 복제되어 불완전한, 하지만 매우 능률적인 나의 분신이 앉아있는 것이다.

설계 단계에서 디지털 트윈은 어떻게 사용될까? 최종 설계의 모습이 갖춰지지 않은 상태에서 불완전한 공간이나 설계 대안에 대해 시뮬레이션하고 최적안을 찾아내며 위험 요소를 미리 파악하여 설계에 반영할 수 있을 것이다. 그렇다면 기존의 시뮬레이션과 디지털 트윈의 차이는 무엇일까? 시뮬레이션이 설계자나 엔지니어의 관점에서 수행된다면 디지털 트윈은 거주 단계 사용자의 관점에서 수행된다. CFD^{전산유체역학} 분석조차도 엔지니어에겐 풍압과 응력을 바라보는 신의 관점이지만 거주자에겐 산책로나 발코니에서 경험하는 봄날 미풍의 느낌에 관한 문제가 된다. 아이로니컬하게도 디지털 트윈은 신이 아닌 '인간'을 지향한다.

이러한 사용자 참여를 가능하게 하는 것은 가상현실 기술이 연계된 인간적인 환경일 것 같지만 대규모 프로젝트에서는 그 인간도 디지털 트윈일 가능성이 크다. 우리의 디지털 트윈들은 이미 사이버 세계에서 분주하게 활동하고 있다. 카드 사용, 웨어러블 디바이스, CCTV 등에 의해 채취된 우리의 디지털 육신은 이미 실제 주인보다 훨씬 많은 곳에서, 불완전하지만 효율적인, 각양각색의 모습으로 활동하고 있다. 그들은 이미 그렇게 디지털 트윈 세상에 거주하는 시민이 된 것이다.

디지털 트윈을 위한 가상 건물은 적절한 LOD를 가져야 하지만 동시에 기존 BIM 데이터 모델에서 지원하지 않는 새로운 장비나 성능에 대한 사양이 필요하므로 디자인 단계에서부터 디지털 트윈을 고려한 인텔리전트한 BIM 모델을 구축하여야 한다. 이는 파라메트릭

Fig. 14 카드 사용, 웨어러블 디바이스, CCTV 등에 의해 채취된 우리의 디지털 육신은 이미 실제 주인
보다 훨씬 많은 곳에서, 불완전하지만 효율적인, 각양각색의 모습으로 활동하고 있다. 그들은 이
미 그렇게 디지털 트윈 세상에 거주하는 시민이 된 것이다.

설계 기술과 BIM 기반의 지능적인 알고리즘으로 구현될 수 있다. 우
리가 BIM 교육을 그저 3D CAD 모델링하는 기술로만 가르쳐서는 안
되는 이유 중의 하나이다. 디지털 트윈은 유지관리 단계 외에 설계
단계에서도 도입될 수 있다, 이는 자동차나 항공기 산업에서 많이 쓰
이고 있는 가상 제조 Virtual Manufacturing 와 유사하다. 다만 건축은 자동
차나 항공기 같은 대량생산의 개념이 아니기 때문에 특히 설계 단계
에서의 디지털 트윈, 혹은 가장 제조의 혜택을 보기엔 효과 대비 투자
비용이 너무 크다. 그러나 실험적인 구조나 신기술을 적용하는 건물

의 경우 이러한 디지털 트윈 기반의 동시 공학적인 설계가 중요하게 된다.

디지털 트윈은 겉으로 드러나는 3차원 가시화보다는 그것이 실제 건축물과의 동기화를 언제든지, 전체적으로 혹은 부분적으로 차단하고, What-if 시나리오에 의한 시뮬레이션을 할 수 있다는 것이 중요한 기능이다. 이러한 기능은 병원이나 대형 상업시설처럼 건물의 기능을 유지하면서 부분적인 리모델링이나 새로운 설비를 설치해야 하는 상황에서 그 파급효과를 미리 시뮬레이션하고 안전하게 작업을 수행할 수 있게 한다. 그보다는, 장기적으로 건물의 유지관리를 통해 얻어지는 데이터와 3차원 건물 데이터의 상관성을 학습함으로써 향후 건축의 유지관리 운영을 위한 플래닝은 물론 설계의 지식으로 활용할 수 있다는 것이 빅데이터와 인공지능 시대의 디지털 트윈이 가지는 의미일 것이다.

---

1 케빈 켈리, 『기술의 충격. 테크놀로지와 함께 진화하는 우리의 미래』, 이한음 옮김(민음사, 2011)
2 장 보드리야르, 『시뮬라시옹』, 하태환 옮김(민음사, 2001)
3 릴라당, 『미래의 이브』 중의 구절을 패러디하였음.

인공지능
Artificial
Intelligence

1. 규범화된 지식과 암묵지

"틀렸어. 난 AI 같은 건 아냐. 내 코드명은 프로젝트 2501. 나는 정보
의 바다에서 태어난 살아있는, 그리고 생각하는 존재야."

*"Incorrect. I am not an AI. My code name is Project 2501.
I am a living, thinking entity that was created in the sea of
information."*

- 애니메이션 영화, 〈공각기동대 Ghost in the Shell〉(1995) 중에서 인형사 Puppet
Master 의 대사

인공지능 연구의 선구자인 마빈 민스키 Marvin Minsky 교수의 수업
을 듣기 위해서 MIT 미디어랩을 들락거렸던 것이 1993년이었다. 이
수업에선 늘 무료 피자가 제공되었다. 라운지 여기저기에 놓인 정체
불명의 검은색 캐비닛 상자를 테이블 삼아 피자를 먹다가 그 상자의
정체를 깨닫고 나와 동료들은 탄성을 질렀다. "이거 커넥션 머신이잖

아!" 커넥션 머신…. 지금도 SF 영화 속 슈퍼컴퓨터의 아이콘처럼 쓰이는 이 획기적인 컴퓨터가 피자 테이블로 전락하는 데는 채 5년도 걸리지 않았다.

컴퓨팅 분야의 발전 속도는 엄청나지만, 한편으로 늘 그 나물에 그 밥 같은 기술이 다른 옷을 갈아입고 새로운 것인 양 나타난다. 온갖 팬시한 이름을 새로 가져다 붙이지만 그게 그거다. 전기밥솥에 들어가는 퍼지로직 Fuzzy Logic 을 연구하던 이들도 지금 인공지능 대가라며 약을 팔고 있다. 예전부터 활용되던 회귀분석 Regression Analysis 이나 파레토 최적, 심지어 한계가 뻔한 규칙 기반 시스템도 모두 인공

Fig. 1 커넥션 머신(Connection Machine)은 1980년대 초 MIT에서 대니 힐리스(Danny Hillis)가 기존 폰 노이만 방식 컴퓨터를 대체하는 컴퓨터를 만드는 연구를 하는 과정에서 나온 산물인 대규모 병렬 처리 슈퍼컴퓨터 중의 하나이다. 초기에는 AI와 기호 처리를 위한 목적으로 개발되었다.

지능 AI 이라는 이름으로 포장된다. 은근슬쩍 AI라고 치부하면 되고, 수작업이 아니라 컴퓨터로 하는 모든 것은 AI로 기사화라는 것이 피상적인 언론의 수준이다. 연구과제라도 하나 따려면 AI라는 키워드를 넣어야 관심이라도 얻는다.

AI를 접두사로 쓰는 건축 설계 자동화 시스템도 마찬가지다. 머신러닝 기능이 부분적으로 사용될 수는 있어도 대부분 규칙 기반 시스템이다. 실내 공간 이미지 속에서 가구를 식별한다고 해서 그것을 사람들의 취향과 감각 수준으로 해석하고 구매행위에 이르기까지 종합적인 시스템을 만드는 것이 해결되는 것이 아니다. 이건 마치 쌀집 배달 자전거에 전기 배터리를 부착하고 전기 자전거라고 부르는 것과 마찬가지다.

AI의 미래가 없다고 단언하는 것은 아니다. 나에겐 그런 혜안이 없다. 미래를 예측하는 것은 불가능하다. CAAD의 선구자인 빌 미첼 William J. Mitchell 교수도 그의 저서 『Computer Aided Architectural Design』에서 래스터 Raster 방식의 디스플레이는 너무 비싸서 벡터 Vector 디스플레이가 답이라고 단언했었다. 다만 지금 AI로 포장된 많은 기술의 근미래는 점칠 수 있다. 별로 이룬 것 없이 조만간 포장지를 바꿀 것이다.

건축의 생산, 혹은 현대 도시의 구현에서 인공지능은 어떠한 역할을 하고 있는가? 이 문제를 진지하게 바라보기엔 우리의 건축 환경이 척박하고 당장 먹고살기에 바빠서 그다지 현실감이 없다. 대부분 건축가에게 인공지능과 건축은 별로 관계가 없어 보인다. 한편 업

Fig. 2 빌 미첼 교수의 저서 『Computer Aided Architectural Design』 표지. 건축 CAD 분야의 선구적인 저서이다.

무상 접해본 많은 건축 관련 기업의 경영자들은 이 분야의 비효율성과 전근대성의 해결사로써 인공지능과 디지털 패브리케이션 등의 새로운 기술에 강렬한 희망을 피력한다. 이들 기업에서 설계 자동화 프로그램 개발에 관한 컨설팅을 해보면 확연한 견해차를 읽을 수 있다. 일선의 엔지니어들은 이런 기능, 저런 기능을 넣어달라고 하소연한다. 그러면서 이런 현장의 상황, 저런 임기응변적 관행 때문에 결국 컴퓨터가 할 수 있는 일에는 한계가 있다며 불평하거나 비관적인 태도를 보인다. 그러나 경영자들의 관점은 완전히 다르다. 그 엔지니어들이 '비법'처럼 큰소리치는 알량한 기술을 가지고 어느 날 홀연 딴 회

Chapter 5. 인공지능   157

사로 떠나더라도 그 기술이 회사의 자산으로 온전히 작동할 수 있기를 원한다. 즉 전통적으로 개인의 소유였던 지식 Personal Knowledge 을, 조직의 지식 Institutional Knowledge 으로 관리하고자 하는 속마음을 읽을 수 있다.

잠시 샛길 13

주저자로 논문을 직접 쓰지 않은 지는 10년도 더 된 것 같고 영문 포함해서 문장 교정을 직접 해주지 않은 지는 3~4년 된 것 같다.

대학원생들의 논문은 어느 시점 영웅처럼 무모하게, 하지만 수줍은 독백처럼 서문을 연다. 지도교수의 역할은 멀찌감치 떨어져 일견 문외한인 듯 다른 목소리를 내지만 이내 같은 주제의 변주로서 대화하는 것이다.

1808년 피아노 콘체르토 4번 초연 이후로 베토벤은 콘체르토를 더는 직접 연주하지 않았다. 4번의 1악장은 예전의 형식을 완전히 벗어나 피아니스트의 영웅적인 독주로 천둥처럼 시작하고 오케스트라는 멀리서 어색한 키로 공명한다. 하지만 이내 그들의 변주는 같은 주제를 다른 견지에서 구축하는 합리적 대화로 승화된다.

베토벤, 피아노 콘체르토 4번. 1악장, Allegro moderato. Martin Helmchen, Andrew Manze / Deutsches Symphonie-Orchester Berlin

2. AI 건축가

이러한 와중에 어느덧 인공지능이 조종하는 무인전투기가 하늘을 지배하는 시대를 맞이하고 있다. '인간과 자연 사이의 인터페이스로서 존재하는 기계'라는 도식, 그리고 그 '기계'가 '가상성'으로 대체된 상황에서 어느덧 인간이 배제된 상황을 곳곳에서 맞고 있다. 인공지능이 인간의 수준에 달하거나 Artificial General Intelligence 인간을 초월하는 상황 Artificial Super Intelligence 에는 아직 도달하지 않았다.[1] 그러나 현재의 인공지능은 적어도 특정 전문 분야에서는 인간을 월등히 앞지른다. 인공지능이 작곡한 바로크 음악과 바흐가 작곡한 음악을 전문가들도 구분할 수 없다. 인공지능 렘브란트가 그린 자화상은 미술 경매에서 고가에 낙찰되었다.

아이작 아시모프 Isaac Asimov 원작의 영화 〈I, Robot〉에서 스푸너 Spooner 형사가 로봇 소니를 심문하면서 "로봇이 교향곡을 작곡할 수 있냐, 로봇이 사람을 감동하게 하는 그림을 화폭에 담을 수 있냐"라고 다그친다. 소니는 태연하게 맞받아친다. "그럼 너는 할 수 있어?" 이

Fig. 3 인공지능이 조종하는 무인전투기가 하늘을 지배하는 시대를 맞이하고 있다. '인간과 자연 사이의
인터페이스로서 존재하는 기계'라는 도식, 그리고 그 '기계'가 '가상성'으로 대체된 상황에서 어느
덧 인간이 배제된 상황을 곳곳에서 맞고 있다. 항공모함에서 작전 준비 중인 미국의 무인 전투기
X–47B.

Fig. 4 인공지능은 사람을 완전히 대체할 수는 없어도 대부분의 특정 전문 분야에서는 이미 인간을 앞
선다. 이미지 출처: 영화, ⟨I, Robot⟩(2004)의 장면 재구성

장면은 인공지능의 현주소를 정확하게 대변해준다. 인공지능은 사람
을 완전히 대체할 수는 없어도 대부분의 특정 전문 분야에서는 이미
인간을 앞선다.

　4년 전 미국의 Cover사는 설계비 단돈 250불에 설계 기간 고작 3
일, 시공 제작에 12일밖에 걸리지 않는 주택설계 및 서비스를 내놓

았다. 대표적인 창의적 전문가 집단이어서 건축가는 인공지능에 의해 대체될 마지막 직업군 중의 하나라고 하지만 장래는 그렇게 밝지 않다.

2018년 2월 기준, 아마존 에코 Amazon Echo 를 위시한 미국 내 스마트 스피커의 이용 세대수는 1,870만 가구에 이르렀다고 콤스코어 Comscore [미국의 인터넷 마케팅 연구 기업]는 보고했다. 이 스피커는 오늘 날씨와 같은 단순한 질문에 대한 대답에서부터 분위기에 맞는 영상, 음악 검색, 상품 구매 등을 도와주는 홈 어시스턴트의 역할을 한다. 사물 네트워크 플랫폼에 탑재된 인공지능 기술은 이러한 데이터 거대기업들이 고객들의 니즈를 더 잘 파악하고 보다 맞춤형의 서비스를 제공할 수 있게 해준다. 그러나 이론적으로 이들 스피커는 1,870만 가정에서 발설되는 온갖 이야기를 다 들으면서 사람들의 행

Fig. 5 미국의 약 1,870만 가구에 스마트 스피커가 보급되었다(2018년 2월 기준). 이 스피커들은 오늘 날씨와 같은 단순한 질문에 대한 대답에서부터 분위기에 맞는 영상, 음악 검색, 상품 구매 등을 도와주는 홈 지원의 역할을 한다. 이미지 출처: Shutterstock

태와 은밀한 욕망을 분석한다. 아마존은 사람들이 무엇을 하는지, 무엇을 원하는지, 그리고 무엇을 할지를 예측하게 되는 것이다.

이미 건축주가 'ArchDaily'나 'Pintrest'에서 본 주택이나 인테리어처럼 집을 지어달라고 아예 사진을 출력해서 설계사무소에 들고 오는 사례가 빈번하다. 그럼, 인공지능 스피커가 우리의 욕망과 취향을 읽어내서 ArchDaily 플랫폼에서 적합한 사례들을 검색, 조합해내고 이를 Cover사의 플랫폼이 설계와 제작으로 연결해서 완성된 주택

Fig. 6 KASITA와 같은 스타트업 회사가 제시하는 주택은 사용자가 스마트폰 앱을 통해서 맞춤형 주문을 하고, 고도로 모듈화된 주택 자체는 손쉽게 다른 플랫폼에 플러그인될 수 있으며, 사물네트워크(IoT) 기술 기반 디바이스와 빌딩 운영시스템(OS)을 항상 업그레이드할 수 있는 스마트폰과 같은 새로운 주거 상품의 개념을 제시하고 있다. 스마트한 공정과 친환경, 다용도성. 기존의 유형을 탈피하는 혁신성의 전통은 20세기 초 발명가이자 건축가인 벅민스터 풀러(Buckminster Fuller)가 제시한 다이맥시온(Dymaxion)의 연장선에 있다. Dymaxion Car(위)와 KASITA의 주택(아래). 두 프로젝트 모두 현실화되지 못했지만 조만간 다른 모습으로 새로운 미래를 제시할 것이다.

의 스마트 열쇠가 고객의 스마트폰 앱으로 설치되는 상황을 가정해 보자. 이러한 주택이 고급 주택 시장을 포함한 모든 주택 시장을 장악하지는 못하겠지만 대부분의 주택 시장을 대체할 수 있지 않을까? 'KASITA'와 같은 스타트업 회사가 제시하는 주택은 사용자가 스마트폰 앱을 통해서 맞춤형 주문을 하고, 고도로 모듈화된 주택 자체는 손쉽게 다른 플랫폼에 플러그인될 수 있으며, 플러그인 사물 네트워크 디바이스와 운영시스템 OS 소프트웨어를 수시로 업그레이드 할 수 있는 스마트폰과 같은 새로운 주거 상품의 개념을 제시하고 있다.

아마존이 AI 패션 디자이너를 고용해서 의류산업에 본격 진출하면서 H&M과 같은 전통적인 의류 체인이 도산 위기로 내몰리고 있는

Fig. 8 구글이나 아마존과 같은 데이터 공룡 기업들에 통제당하는 환경에서 생활하고 데이터를 갈취당하면서 그들이 원하는 생활을 한다는 점에서 스마트 파놉티콘(Panopticon)이라 할 수 있다. 이미지 출처: Shutterstock

점을 주시해보자. 패션 디자이너는 건축가 못지않게 창의적인 집단임을 자부하지 않았던가? 소수의 오트 쿠튀르 건축가는 존재하겠지만 대부분 건축가에게는 그렇게 반가운 상황은 아니다. 건축 설계의 산업화를 저해한다고 우리가 개탄하던 조악한 건축자재 생산 및 조달체계, 열악한 시공과 감리 수준, 인허가의 비합리성이 어쩌면 인공지능 건축가로부터 인간 건축가들을 지켜주는 마지막 보루가 될지도 모른다. 건축 구성요소가 부품화, 모듈화되고 고도로 산업화한다면 우리는 아마존이나 구글에 제공하는 주택과 도시, 즉 새로운 파놉티콘Panopticon에서 생활하고 그들에게 데이터를 갈취당하면서 그들이 원하는 생활을 할지도 모른다.

3. 로봇은 건물을 짓고 건물은 로봇이 된다

"로봇과 사람 그 자체를 구별할 도리가 없어."

"You just can't differentiate between a robot and the very best of humans."

- 아이작 아시모프, 『아이 로봇 *I. Robot* 』

건축의 생산에 있어서 로봇의 역할은 점점 커지고 있다. 제대로 된 조적공을 구하기 위해선 부르는 게 값이 되어버린 건설인력난은 그동안 미뤄왔던 로봇 시공 기술의 개발에 현실성을 부여하고 있다. 3D 프린팅 기술과 결합한 로봇 기술이 건축의 생산체계를 혁신적으로 바꿀 수 있을 것이다. 근본적으로 습식인 생산 방식을 프리패브화, 모듈화, 사물 네트워크 통합화를 할 때 이러한 혁신은 실제로 가능해질 것이다. 우리 분야에서 이것이 더딘 이유는 건축을 생각하는 방식, 만드는 방식, 유통하

Fig. 9 건축의 생산에 있어서 로봇의 역할은 점점 커지고 있다. 3D 프린팅 기술과 결합한 로봇 기술이 건축의 생산체계를 혁신적으로 바꿀 수 있을 것이다. 이미지 제공: © B.A.T Partners (b-at.kr)

Fig. 10 오티스(Otis)의 엘리베이터 소개(1853년).

는 방식에 대한 근본적인 변화 없이 기존의 방식을 그저 편하게 하는 기술만을 개발해왔기 때문이다.

오티스Otis 가 1853년 엘리베이터를 최초로 소개한 이래 건축물의 로봇화는 급속하게 진행됐다. 건축물에서 차지하는 비용 중 보이지 않는 부분에 들어가는 비용, 즉 통신망, 배관, 무선통신 장비, 센서 네트워크 등에 들어가는 비용의 비중은 놀라우리만큼 커졌다. 이미 주요 건축 엔지니어링 회사들은 에너지 하베스팅 Harvesting 기술이나 바이오 연료 생산기술이 결합한 신소재 외피 재료, 식량 생산기술이 결합한 외피 시스템을 제시하고 있다. 현실화하고 있는 자율 주행차 시스템과 인터페이스하기 위해선 건축이 훨씬 더 로봇에 가까워질 것임을 알 수 있다. 건축은 인간의 라이프 스타일과 기후환경 변화에 적극적으로 대응하는 생체모방형 기계에 가까워지고 있다. 또한 더 스마트 도시의 통신 및 에너지 인프라에 쉽게 플러그인될 수 있는 구조가 될 것이며, 자율 주행차를 포함하는 미래 도시 모빌리티 기술에 대응하여 그 모습이나 구조가 달라질 것이다. 현재 습식의 건설시공 공정은 모듈화 프리패브화된 건축시스템과 로보틱스 공정이 결합함으로써 건축물의 유지관리 및 운용이 기계나 로봇 수준으로 고도화 될 것이다. 즉, 철근콘크리트라는 재료를 다룰 때는 판에 박힌 Routine 설계 시방을 적용하면 되지만 이러한 로봇 건축은 신종의 이질적인 재료와 물리적 특성을 고려한 형상과 구조, 구법, 운용법에 대한 실험과 창의적 활용이 수반된다.

동네 단골 식당에도 서빙 로봇이 등장했다. 기술적으로 로봇청소기와 별 차이가 없어 보이는데, 일손이 바쁜 식당에는 나름 효과적으로 보인다. 로봇이 주방에서 테이블까지 음식을 나르면, 사람이 테이블에서 서빙하는 방식을 취하므로 엄밀히 말하자면 배송 로봇이다. 사실 서비스와 손님의 접점에선 사람의 세심하고 인간적인 서빙이 여전히 유효하다. 근래 유행처럼 시도된 로봇화된 음식점들이 대부분 망했다는 것은 시사하는 바가 크다. 그나마 비즈니스를 잘 유지하고 있는 업체들의 공통점은 최종적인 손님과의 접점에선 '사람'이 서빙하는 방식을 취한 것이다.

물론 인공지능보다 못한 영혼 없는 종업원들도 자주 접한다. 격조 없는 매너나 서툰 서빙으로 손님을 불편하게 하는 것도 있지만, 그보다도 인간적인 유연성이 필요한 요청에 자판기처럼 대응하는 경우엔 입맛이 뚝 떨어진다. 로봇이 무엇을 대체하고 사람이 어떤 역할을 할 것인지는 명확하다. AI가 위협적인 것이 아니라 AI처럼 생각하고 행

Fig. 11 ARUP. 2050년 미래 건축의 비전. 이미지 제공: © Arup and Rob House

Fig. 12 동네 단골 식당에도 서빙 로봇이 등장했다. 이미지 출처: Shutterstock

동하는 사람들이 걱정이다. 그들은 곧 AI에 의해서 대체될 운명이다. 휴머니즘으로 포장한 밥그릇 지키기로 저항하고 있지만, AI가 되기를 자처하는 혹은 벗어날 지력이 없는 이들은 도태되기 마련이다.

건축 설계 역시 마찬가지이다. AI가 잘할 수 있는 영역, 식당에서 음식을 테이블까지 나르는 일처럼, 규칙 기반의 루틴한 일들은 금세 AI에 의해 대체될 운명이다. 경력 있는 설계자들이 개입해서 조율해 줘야 하는 일부 작업이 있지만, 기획 설계의 큰 골자는 이미 자동화가 가능하다. 그리고 그 '일부 작업'마저도 모두가 작정하고 달려들어 연구개발이 이뤄진다면 전혀 어려운 부분이 아니다. 우리나라 설계 회사가 감내해야 하는 제일 슬픈 일이지만, 진상 발주처로부터 거절하기 힘든 일, 가설계 혹은 기획설계 는 이런 서빙 로봇과 같은 인공지능 건축가가 더 잘하는 시간은 이미 도래했다.

그뿐일까? 많은 집장사 허가방들이 하는 모든 업무는 이미 AI 수준 이하의 영혼 없는 서비스처럼 환경에 대한 우리의 입맛을 떨어지게 하고 있다. 학교 구내매점의 자동조리기가 만드는 라면은 사실 정성 없는 종업원이 대충 만드는 라면보다 맛있고 품질이 일정하다. 건축계는 무엇을 수용하고 누굴 보호해야 하는지 냉정하게 돌이켜봐야 한다. 우리가 원하는 건축가는 결국 의뢰인과의 접점에서 영혼 있는 서비스를 제공해주는 '사람'일 것이다. 살아남을 건축가와 도태될 건축가는 정해져 있다. 물론 세상을 순리대로 살지 않고 이상한 짓을 하는 개인이나 집단들은 늘 존재하므로, 그러한 순리에는 노이즈가 항상 개입된다. 거스를 수 없는 트렌드 속에도 이상한 인증이나 폐쇄형 시스템 알박기로 왜곡된 '인간적' 비즈니스 모델을 추구하는 것처럼.

통상, 인공지능으로 지칭되는 컴퓨터 알고리즘은 단시간 내에 무수한 설계안을 자동 생성해내는 것이 가능하다. 임의의 꼭짓점을 프로그램이 선택해서 형성된 바닥 면을 진화 알고리즘으로 최적화하면서 투입 비용 대비 최대 임대 면적이 나오는 설계 대안들을 제시하는 것이 현재 일반화된 방법이다. 규칙 기반 알고리즘으로 법규가 허락하는 최대 볼륨의 범위를 정하고, 그 경계 내에서 가능한 최적의 조합을 찾아가는 것이다.

이러한 설계 자동화 도구의 사용자는 건축가가 아니라 공인중개

잠시 샛길 14

요사이 사용 패턴을 분석한 Siri는 오늘 아침 누군가에게 전화하라고 일깨운다. 아직 이놈은 내가 하는 행동의 내면에 있는 심적인 부담은 알아채지 못한다. 아직 AI가 커버하지 못하는 영역은 정의와 인간성의 문제이다. 그 외 대부분 전문영역에서 이미 AI가 인간을 압도한다.

내키지 않지만 해야 하는 일들…. 삶의 많은 부분은 그런 일로 구성된다. 여기서 자유로워지면, 성공의 경우 출가 또는 해탈, 실패의 경우 가출 또는 '싹수없다'이다.

공간이라는 인공 환경이 하는 역할도 크게 두 가지인 듯. 어쩔 수 없이 해야 하는 일을 수행하게끔 하는 공간 장치와 심신이 원하는 편안함을 제공하는 공간 장치. 척도를 부여하자면 고행[10]에서 노동[9]… 몰아,[1] 영면.[0]

라벨, 쿠프랭의 무덤 중 미뉴엣.
Bertrand Chamayou

사나 일반 개발업자이다. 그런 프로그램이 더 혁신적이고 우아한 건축 유형의 변종을 만들어내기 위해서는 결국 건축가가 필요하다. 즉, 건축가의 설계 지식과 감각, 설계 전략이 인코딩된 추가적인 지식체계가 필요하며, 건축가마다 그러한 방법은 천차만별이다. 현재 대부분의 유사 프로그램에서 적용된 참조 모델은 가장 인기 있는 유형, 결국 원설계를 알 수 없이 반복되어 하나의 유형으로 자리 잡은 설계 방법이다. 이 모델은 불행히도 척박한 우리 도시 건축 환경의 수준을 대변한다. 인공지능 챗봇에 비교하면 간단하다. 품격 없는 말을 하는 사용자와의 상호작용을 통해 나쁜 말을 배운 챗봇이 대표적인 사례이다. 자연어 처리 프로그램과는 달리 현재의 인공지능 프로그램은 아직 건축 설계의 형상과 공간 관계의 의미를 바둑의 기보처럼 학습하는 것이 불가능하다. 건축가의 설계 의도와 공간적 질을 기계가 이해할 수 있도록 인코딩하기 위해서는 아직 해결해야 할 문제들이 많은 것이다.

상품화되어 있지는 않지만 좀 더 특정한 건축가의 설계 스타일을 흉내 내는 알고리즘들은 많이 존재한다. 그러나 모듈화되어 있는 제품 생산 체계와 연계되어 있지 않은 채 생성되는 환상적인 디자인들은 결국 형태적 유희에 지나지 않는다. 설계 대안을 알고리즘이 무한정 생성하도록 맡겨두기보다는 설계자가 직관을 발휘해 얼개를 정하고 그러한 방향에서 알고리즘에 의한 형태 찾기 전략으로 디자인 스페이스를 획기적으로 줄일 수 있다. 여전히 인간 건축가의 직관이 개입하는 것은 컴퓨팅의 한계를 극복하는 데 중요한 역할을 할 수 있다.

실제로 겪은 사례이지만 응모작이 달랑 두 개뿐인 현상설계가 있었다. 한 설계안은 누가 봐도 해당 건축 유형을 많이 다뤄본 '선수'가 낸 안이었다. 집어넣을 만한 공간 어휘와 조형 요소가 망라되었고 공간적 경험과 동선도 입체적이었다. 그럼에도 불구하고 중요한 지침 위반이 있었다. 정확히 표현하자면 위반이 아니라, 지침이 모호했고 질의회신도 모호했다. 반면에 상대 안은 모든 조건과 지침에 대한 일대일 대응의 집합체였다. 미안한 이야기지만, 이건 이래서 이렇게 해결했고, 제시했고…. 식으로 나열하는 구태의연한 프레젠테이션이 끝나기도 전에 싫증이 나지 않을 수 없었다. 재미있는 것은 이런 순차적인 문제해결형 설계 방식이 마치 규칙 기반 알고리즘으로 구동되는 컴퓨터에 의한 설계와 너무 유사하게 느껴졌다는 것이었다. 그렇게 하나하나 문제를 해결한 것들이 합쳐진 결과물은 통일된 느낌도 없었고, 개성이 없는 설계였다. 그런데도 그 안은 발주처에서 제공하지 않은 중요한 제약조건을 놓쳐서, 결국 어느 안이 당선되었더라도 상당한 수정이 필요했다.

이것은 인공지능에 설계를 맡기면 안 된다는 교훈을 주는 사례였다. 인간 건축가라면 지침을 무시하고 엉뚱한 발상을 해보거나 면적을 초과하는 과욕도 부려볼 수 있다. 그러한 규칙의 파괴 속에 De+Sign도 가능한 것이다. 그러나 규칙 기반 프로그램은 그렇게 하지 못한다. 더군다나 인간이라면 직감적으로 내뱉을 수 있는 'No'라는 판단도 하지 못한다. 그러나 지금 회자하는 인공지능은 사실 이러한 규칙 기반이 아니라 선호도나 물리적 성능이 어떤 결과물과 모종의 상관성이 있거나 컴퓨터가 학습을 통해서, 성공할 가능성이 큰 디자인을 도출해낸다는 것이다. 그 과정에서의 논리나 의사결정의 이유는 블랙박스 속에 숨어있다.

인간 건축가라면, 현재의 인공지능과는 달리, 적어도 그 논리와 이유를 설명할 수 있어야 한다. 그것이 불가능하다면 인공지능 건축가에게 전혀 섭섭할 여지는 없다. 누군가의 꿈을 들어주고 그것을 건축이라는 캔버스에 옮겨 감동을 선사할 수 있는 이는 인간 건축가이기 때문이다.

4. 공생적 접근

"그도 부드러운 구석이 있다. 바흐에 대해 가장 심한 불평을 하자면 바흐의 음악은 '불완전함'이라는 요소 **빼**고는 모든 인간적인 특질들을 다 내포하고 있다는 것이다."

"He has hit a sweet spot. Perhaps the most serious complaint you could make about Bach is that he has every quality of humanity except imperfection."

- *Jeremy Denk, Why I Hate The 'Goldberg Variations' [NPR Classical]* 중에서

일개 전화국의 지하 공동구의 화재만으로도 5G 통신과 IT 강국임을 자랑하던 나라의 통신망이 마비되고 사람들이 일순간에 원시시

대로 돌아가는 살얼음판에서 우리는 스마트 도시를 이야기한다. 아마존 고 Amazon Go 와 같은 인간이 배제된 고도의 맞춤형 서비스 공간은 이미 일상화되어 있다. 내비게이션 앱은 우리에게 최단 동선을 제공하지만, 어느덧 우리는 주위 환경과의 접촉을 잃고 도시는 출발점과 도착점만 존재하는 사이버스페이스화 되었다. 그러한 와중에 많은 사람은 무수한 스마트 서비스를 이용하기는커녕 삶 자체가 훨씬 불편하고 모욕적인 디지털 소외 계층으로 전락한다. 리테일의 미래로 제시되고 있는 아마존 고 역시 스마트한 공간에서 사용자는 편리함을 얻는 대신에 인간적 접촉을 박탈당하고 있음을 깨닫는다. 또한 아마존 고와 같은 공간을 가능하게 하려면 상품들은 훨씬 표준화되어야 하고 식품들은 반환경적인 재료로 이중 삼중 포장되어야 한다. 새로운 기술이 공간과 일상의 의미를 바꾸고 있지만, 그에 대한 반성

Fig. 13 리테일의 미래로 제시되고 있는 아마존 고. 스마트한 공간에서 사용자는 편리함을 얻는 대신에 인간적 접촉을 박탈당하고 있다. 이미지 출처: Unsplash

은 결국 건축가의 몫이다.

건축은 이렇게 왜곡된 스마트 환경에 대한 일말의 책임이 있다. 기술을 보이지 않게 만들고 사람이 환경과 혹은 사람들과 더 친근하게 접촉할 수 있게 하는 것은 결국 건축가들의 몫이다. 그러나 건축가들이 기술을 회피하는 것은 곤란하다. 더더구나 건축의 품질은 여전히 스마트하지 않다. 건축 하드웨어나 시공의 품질은 여전히 열악하며 상품이나 유통이라는 개념 자체가 없다. 그러한 실체에 IT 기술 디바이스나 LED 디스플레이로 번쩍이는 껍데기를 씌우는 것은 건축을 스마트하게 하는 것이 아니라 그저 스마트해 보이게 하는 역할을 한다. 이러한 건축물들은 이내 키치로 전락하며 사람들은 스마트 건축의 조악한 민낯을 경험하게 된다.

재료와 상황에 직관과 경험으로 대응하는 암묵지는 건축가가 인공지능의 시대에 내세울 수 있는 무기일 것이다. 그러나 그저 예술적 자부심만으로 건축하는 시대는 지나갔다. 누군가의 어깨너머로 배운 건축으로 대가의 흉내를 낼 수 있는 시대도 아니다. 인공지능과 자동화, 어설픈 스마트로 포장된 도시환경에 대한 책임은 건축가에게 있지만, 유사 인문학적 태도로 해결할 수 있는 문제도 아니다.

에펠탑은 연철로 제작되었다. 연철은 선철을 제련하여 탄소 함량을 줄인 것으로, 탄력은 있으면서 잘 깨지지 않아 가공이 쉽다. 제조기술을 가지고 있지 못했던 프랑스는 뒤늦게 영국에서 제조법을 훔쳐와 연철을 생산할 수 있게 되었다. 에펠탑은 우수한 연철을 생산할 수 있게 된 프랑스가 세계박람회를 기념하여 세계에 과시하는 것이

Fig. 14 에펠탑은 우수한 연철을 생산할 수 있게 된 프랑스가 세계박람회를 기념하여 세계에 과시하는 것이었다. 그러나, 연철을 이용하여 건축물을 다루는 것은 다른 차원의 문제였다. 저자 촬영

었다. 그러나 연철을 이용하여 건축물을 다루는 것은 다른 차원의 문제였다. 고든 Gordon 에 의하면 강철이 발명되면서부터 철제품의 생산이라고 하는 것은 바보도 할 수 있는 일이 되어버렸다고 한다. 예측 가능한 균질의 강철 재료를 다루기 위해선 더는 장인의 직관과 솜씨가 필요하지 않게 되었고 결국 산업화 이후 장인 또는 엔지니어의 역할은 하찮은 단순직으로 축소되었다. 오히려 표준화된 현대 산업사회에서 경영자나 기획자의 중요성이 커지게 된 것이다.[2]

건축에서도 마찬가지로 예측 가능한 재료의 문제는 철근콘크리트에 의해 확립된 현대건축의 생산체계와도 동일선상에 있다. 철근콘크리트의 예측 가능한 품질을 담보로 하는 설계는 언제부턴가 재료와 구법에 대해 고민을 하지 않게 되었다. 단조롭고 판에 박힌 설계

행위로 공간을 나누고 뼈대를 계획하여 도면으로 제시하면 그것은 표준화된 시공 과정을 통해서 건물로 구현될 것이기 때문이다. 이러한 생산 과정에서 건축가의 역할은 단순한 도면 기술자의 역할로 전락하게 된다. 재미있는 것은 데란다 Manuel DeLanda 가 지적한 것처럼 4차 산업혁명 시대, 특히 인공지능에 의해 조만간 대체 가능한 영역은 바로 이 규범화된 지식과 기능이라는 것이다. 재료와 상황에 직관과 경험으로 대응하는 암묵지는 여전히 인공지능에 의해 대체하기 어려운 마지막 영역이다. [3]

　건축 교육의 현장에선 설계사무소의 일상을 그대로 이식한 크리틱 중심의 설계 스튜디오 교육에 너무나 많은 시간을 투입하는 문제에 대한 반성이 필요하다. 학생들이 배우고 익혀야 할 새로운 지식이 너무나 많기 때문이다. 설계 회사의 조직도 새로운 인적자원의 통합이 있어야 한다. 설계 프로세스는 연구가 통합되고 프로토타이핑이 바탕을 이루는 새로운 워크플로우 없이는 인공지능이라는 새로운 기차에 탑승하기 어려운 것이다. 타자기에 대한 향수를 가지는 것은 소비자의 권리이지 건축가의 도구가 아니다. 인공지능 시대의 건축가는 컴퓨터가 타자기처럼 느껴지도록 최신 기술을 이해하고 그것을 건축 환경에 보이지 않게 이식하는 다학제적 전략가의 역할을 해야 한다. 우리는 그러한 전통을 1958년 엑스포에서 목격했다.

　뽀엠 엘렉트로니끄 Poème Électronique 는 1958년 브뤼셀 엑스포의 필립스 파빌리온을 위해서 작곡가 에드가 바레즈 Edgard Varèse 가 만든 8분 길이의 전자음악이었다. 당시 필립스사는 르코르뷔지에에게 파빌리온의 설계를 맡겼고 그들의 공학적 성과를 전시하는 발표회를 만들고자 했다. 르코르뷔지에는 병 속에 든 시詩를 만들고 싶다면서 뽀엠 엘렉트로니끄의 아이디어를 내놓았다. 결과적으로 건축가, 작곡가, 전자 기술자, 음향 기술자, 영상 기술자 등이 참여하는 종합 예술이 탄생하였다. 인공지능 시대의 스마트 공간은 그저 알고리즘에 의해서 생성되기는 어렵다. 이러한 통합적 융합적 접근은 더욱더 중요해지고 있다. 단순한 예술적 자부심만으로 건축하는 시대는 지났다. 종합적인 예술로서 알고리즘에 의해 피폐한 건축을 회복하기 위해서는 뽀엠 엘렉트로니끄를 만들고자 하는 건축가의 노력이 필요하다.

Fig. 15 브뤼셀 엑스포 필립스 관
(1958년) 르코르뷔지에를
포함해서 다양한 분야의
전문가들이 참여해서 뽀
엠 엘렉트로니끄를 발표
했다.

5. 인간 건축가

이슬 젖은 풀을 베는 이가 이처럼 꽃들을 사랑하여,
그들이 개화되도록 놔두었지만, 우리를 위한 것은 아니었다.
그는 우리가 한 번쯤 자기를 생각해주길 바란 것이 아니라,
순전히 흘러넘치는 아침의 즐거움에 그렇게 한 것이었다.

The mower in the dew had loved them thus,
By leaving them to flourish, not for us,
Nor yet to draw one thought of ours to him.
But from sheer morning gladness at the brim.
- R. Frost, "The Tuft of Flowers" 중에서

비대면 화상 수업 덕분에 오히려 저학년 학생들로부터 개별적인 질문을 접할 기회가 생겼는데 예상외로 학생들은 설계 자동화에 대한 기대와 두려움을 가지고 있었고 건축가라는 직업의 미래에 대해서도 의문을 가지고 있었다. 어린 학생들에게 건축계에서 AI 혹은 설계 자동화의 최대의 걸림돌은 기술이 아닌 사람이라는 절망적인 이야기를 하고 싶지는 않다. 그보다는 향후 도래할 AI 세상에서 인간 건축가의 역할을 이야기하고 싶다.

인간 건축가와 컴퓨터 건축가는 무엇이 다를까?

런던의 블랙캡 Black Cab 기사 자격은 획득하기 어렵기로 유명하다. 혹독한 선발 과정을 거치는 블랙캡 기사는 25,000개의 거리와 수천 개의 광장, 새로 생긴 상점, 건물의 순서, 공사 구간 등을 모두 암기해야만 한다. 필기시험과 일대일 면접 그리고 실기시험의 여러 단계로 구성된 면허 시험에 통과하기 위해서는 보통 7,000시간의 혹독한 수련 기간이 필요하다고 한다.

그들은 복잡하기로 유명한 런던의 작은 골목과 도로에 대한 모든 정보, 운행 예상 시간과 안전 정보까지 모두 파악을 하고 있어야만 최종 합격할 수 있다고 한다. 이는 1800년대부터 이어온 런던 택시의 전통이며, 내비게이션이나 GPS 등을 사용한 운행을 금지하고 있다.

런던대학 과학자들이 흥미로운 실험을 한 적이 있다. 블랙캡 기사 18명과 버스 기사 17명을 대상으로 두뇌 차이를 측정한 것이다. 결과는 놀라웠다. 인간의 기억과 학습을 담당하는 택시 기사들의 해마hippocampus가 버스 기사들보다 월등히 발달해 있었다. 정해진 노선만 다니는 버스 기사들과 달리 얽히고설킨 런던 시내를 머릿속에서 완벽히 재현해내는 택시 기사들은 계속해서 뇌를 사용하며, 그 부위를 발달시키고 있었던 것이었다.

블랙캡 기사는 운전을 잘할 뿐만 아니라, 런던의 탑 위에 뜬 보름달에 얽힌 전설을 문화해설가 수준으로 설명해주기로 유명하다. 그런데 인공지능 택시 기사, 우버는 조만간 무인 택시를 출시하겠다고 발표했다. 인공지능 택시 기사는 이렇게 주장할 것이다 "보름달 따위로 한눈팔지 않고 운전 하나만은 똑 부러지게 한다." 현재 인공지능의 수준은 그러하다. 분명 통합적인 부분은 인공지능이 인간을 흉내를 낼 수 없을 것 같지만, 과업을 보는 관점에 따라서 누가 월등하다고 할 수도 없다는 것이다. 더군다나 모든 인간이 그렇게 통합적이지도 않다. 내비게이션 없이는 어떤 우회 경로도 못 찾는 AI보다 못한 택시 기사들이 허다하다.

인공지능이 운전하는 무인 우버는 저렴하고, 택시 기사로 위장한 싸이코 살인마를 만날 위험도 없고, 치명적인 전염병에 걸릴 확률도 희박하다. 마찬가지로, 그런 수준의 인공지능 건축가가 제공하는 건축 설계 서비스는 아마 무척 저렴하고, 실력과 양심이 동시 부재한 싸이코 건축가에게 골탕 먹을 위험도 없고, 마주 앉아 상담하다 치명적인 전염병에 걸릴 위험도 없다.

블랙캡 기사들이 언제까지 활동할 수 있을지 모르지만 이러한 비교는 건축가에게도 유효하다. 건축가는 통상 인문학적 소양과 예술적 감성을 겸비한 전문 기술인으로 추앙된다. 모두가 그런 건 아니지

Fig. 16 런던을 대표하는 아이콘 중의 하나인 블랙캡. 블랙캡 기사는 운전을 잘할 뿐만 아니라, 런던의 탑 위에 뜬 보름달에 얽힌 전설을 문화해설가 수준으로 설명해주기로 유명하다. 그런데 인공지능 택시 기사, 우버는 조만간 무인 택시를 출시하겠다고 발표했다.

만 대체로 그렇다는 뜻이다. 건축학과 교수실 복도와 공대의 다른 학과 복도에 걸려있는 교수 소개 패널을 비교해보면 자명하다. 영국의 블랙캡 택시와 마찬가지로 결국 인간 건축가의 서비스는 비싼 설계비를 지불하고 문화적 소양을 공감하면서 자신의 꿈을 이야기하는 프레스티지 서비스가 될 것이다. 누군가의 꿈을 들어주고 그것을 현실로 옮겨주는 건축가만이 생존할 것이다.

인공지능의 발전은 거스를 수 없는 미래이다. 과거 마르세예 같은 천재적인 에이스는 나오지 않을 것이다. 전투기 조종이라는 일 자체가 인간이 하기에 부적합한 지양 직종이 되는 것이다. '팰코 Falco'는 헤론 시스템즈 Heron Systems 사에서 개발한 인공지능 조종사다. 미국 고등방위연구계획국 DARPA 이 주최한 알파 도그파이트 Alpha Dogfight 모의 공중전 대회에 인간 F-16 전투기 조종사를 5-0으로 녹다운시켰다. 팰코는 인간 조종사에게 단 한 차례의 유효 공격도 허용하지 않았다.

이 결과는 바둑에서의 알파고의 승리보다 더 실감나는 두려운 결과다. 적의 행동에 신속하게 대응하기 위해 모든 영역의 대응 효과를 효율적으로 통합할 수 있는 새로운 AI 기술은 인간의 능력, 상상 이상으로 강력해질 것으로 예상된다. 재미있는 것은 한 한국인 게이머가 팰코와의 모의 공중전에서 첫 승리를 거뒀다. 3패 끝의 1승이었고 마치 이세돌과 알파고와의 바둑 대결과 유사한 상황이어서 화제가 되었다. 우리는 인간이기에 이성적인 판단을 하지만 동시에 이성적이지 않은 판단을 한다. 불완전한 인간이라서가 아니라, 설혹 그 판단의 결과가 절망적이라도 인간이기에 무모하게 가슴을 따라야 하는 경우는 수없이 많다. "페드라 Phaedra …" 그렇게 파멸하거나 죽어도 좋아. 그래, 그게 인간이다. 그렇게 빛나는 순간들은 질척한 현실에서 우리를 구원하여 영원으로 인도한다. 그리고 그러한 판단이 종종 엄청난 결과를 만들어낸다.

근래 로봇 자동화된 많은 레스토랑 중에 초기의 인기를 넘어서 여전히 성공적인 레스토랑의 핵심은 컴퓨터나 로봇이 아닌 인간이었다. 고객과 로봇 사이에 인간 점원의 매개가 중요한 요소였다. 레시피를 개발하고 고객의 마음을 읽는 역할이 인간의 역할인 것처럼 자동화된 프로세스에서 직관을 발휘하고 규칙을 넘어선 감성을 읽을 수 있는 것은 건축가이다.

건축 설계의 많은 부분이 AI에 의해 대체될 수 있지만 결국 의뢰인의 고충을 인간적으로 이해하고 인간적인 결정을 내릴 수 있는 것은 인간 건축가이다. 설계 프로세스조차도 인간 건축가의 지적인 선도, 혹은 개입은 디자인 스페이스의 범위를 현격히 줄이면서 의미 있는 디자인으로 이끄는 동시에 컴퓨팅의 부하를 최소화해줄 수 있다. 슈퍼컴퓨터에 의해 초고속으로 분자 단위의 조합이 가능하지만, 가상현실 장비를 착용한 과학자가 분자 조합 공간에서 당구공 크기의 분자를 직접 눈으로 보고 손으로 만지는 상호작용을 하는 것은, 사람이 가지는 직관이 훨씬 강력하기 때문이다. 이러한 인간의 지적 개입은 컴퓨팅만으로는 엄청난 시간이 걸리는 어려운 문제를 의외로 쉽게 해결하게 해준다. 인간 건축가에게도 이러한 능력은 존재한다. 인간과 기계의 환상적인 컬래버레이션은 여전히 유효하다.

지구상의 금을 모두 합쳐도 한 변이 100m 정도의 입방체를 겨우 만들 수 있다고 한다. 이런 희소성 덕분에 화폐의 기준이 되었다. 특정 주화를 만든다면 만들 수 있는 총량이 정해져 있는 것이다.

잘 모르지만, 암호화폐는 수학적으로 총 매장량＝총 발행량 이 정해져 있는 무형의 광물에서 컴퓨팅 작업을 통해 굉장히 복잡한 이론적으로 위변조할 수 없는 암호조합체를 하나씩 하나씩 만드는 것이다. 이걸 은유적으로 채굴이라 하고 그런 화폐의 대표 격이 비트코인이다.

비트코인은 현실적으로 처리 시간이 오래 걸려서 결제 수단으로 사용하는 것이 불가능하다. 어둠의 세계 밖에서 금괴를 결제 수단으로 사용하지 않는 것과 마찬가지이다.
다만 금은 그러한 가치 외에도 산업용도로 굉장히 중요한 귀금속이어서 비트코인류가 보여주는 맹목적 가치와는 조금 다르긴 하다.

바흐의 음악을 듣다 보면 우주에서 만들어질 수 있는 모든 아름다운 음악을 알고리즘으로 생성 채굴 하고 있던 'AI 바흐'를 상상하게 된다. 그의 음악들이 보여주는 그렇고 그런 알고리즘적 유희와, 하지만 동시에 그 무궁무진함과 완벽함. 이 AI가 90% 이상을 채굴해버렸던 것이다.

모차르트는 아마도 'AI 바흐'를 회수하기 위해 지상에 파견된 외계인이었고, 방문 기간 동안 천상에서 유행하던 감성 알고리즘을 이용해 더욱 대중적인 알트코인을 만들어버린 것 같다.
베토벤은 그들의 정체와 음악 조합술의 비밀을 알고 혼자 고뇌한 '인간'이었으리라고 짐작해볼 수 있다. 그는 나머지 10%를 채굴하면서 AI를 버리고 고뇌와 환희를 택했을 것이다. 그렇게 모든 클래식 음악이 채굴되어버렸다. 그 후로는 오직 끊임없는 재해석과 완벽을 향한 연주만이 있을 뿐.

바흐, D단조 콘체르토, BWV 1060, 2악장,
Adagio. Giuliano Carmignola, Mario Brunello, Riccardo Doni /
Accademia dell'Annunciata

1 Artificial General Intelligence(AGI)는 지능적인 에이전트가 인간이 할 수 있는 어떤 지적인 작업을 이해하거나 배울 수 있는 수준의 가설적인 능력을 말한다. 인공지능 연구에 있어서 주요 목표이자 공상 과학 및 미래학에서의 보편적인 주제이기도 하다. 반면에 Artificial Super Intelligence는 인공지능이 사람의 능력을 완전히 뛰어넘는 시점을 말한다. 출처: 위키피디아

2 Gordon, James, E. 1988. The Science of Structures and Materials. Scientific American Library (DeLanda 2002에서 재인용)

3 DeLanda, M. 2002. Philosophy of Design: Case of Modelling Software. Verb Architecture Boogazine: Authorship and Information. No 1. Madrid: Actar Press. March 2002

Chapter 6

4차 산업혁명

The 4th Industrial Revolution

4차
산업혁명
The 4th
Industrial
Revolution

1. 시대의 종말

우리가 사는 세상은 그들이 상상했거나 상상하기를 원했던 세상보다는 그들이 살던 세상과 훨씬 더 가깝다. 그리고 우리는 이런 사실을 알아차리지 못하는 경향이 있다.

- 니콜라스 나심 탈레브, 『안티프래질』

폴란드, 크라코바 Krakow 의 바벨 Wawel 성 박물관에는 후사리아 Husaria 의 갑옷이 전시되어 있다. 한때 유럽의 맹주였던 폴란드 국왕의 힘이 되어준 것은 금 못지않게 귀했던 소금 광산, 그리고 후사리아였다. 깃털 날개와 은빛 흉갑으로 유명한 후사리아는 16~18세기에 활약한 폴란드의 중기병이다. 당시 후사리아는 유럽 최대 최강의 기병 군단이었다. 폴란드의 대문호 센케비치의 『대홍수 The Deluge 』에는 1610년 클루시노 Kłuszyno 전투에서 5천 기의 정예 후사리아가 4만 스

Fig. 1 깃털 날개와 은빛 흉갑으로 유명한 후사리아는 16~18세기에 활약한 폴란드의 중기병이다. 당시 후사리아는 유럽 최대 최강의 기병 군단이었다.

웨덴-러시아 연합군을 격파하는 장면이 장엄하게 묘사된다. 전차군단처럼 돌진하는 은빛 갑옷의 기사들의 깃털 날개가 만들어내는 굉음에 그들이 도달하기도 전에 이미 스웨덴-러시안 군 기마 부대의 전열이 무너졌다고 한다. 특히, 1683년 빈Wien 전투에선 오토만 제국의 10만 대군을 격파하고 유럽을 위기에서 구하는 데 결정적인 역할을 했다. 1만 8천 명의 후사리아가 감행한 전설적인 돌격은 역사상 가장 거대한 규모의 기병 돌격으로 기록된다. 영화 〈반지의 제왕〉에서 미나스 티리스를 포위한 오르크 대군을 여지없이 무너트리는 로한 기병 군단의 모습은 후사리아의 전설적인 전투에서 영감을 얻었을 것으로 생각된다. 그렇게 폴란드는 '로한'을 연상시키는 나라였다.

1939년 독일이 폴란드를 침공했다. 기계화, 기갑부대를 중심으로 한 전격전Blitzkrieg 으로 폴란드를 순식간에 점령한다. 후사리아의 후예였던 폴란드 기병들이 독일 전차들에 무모하게 돌격하다 기총소사에 낙엽처럼 스러지는 장면은 슬프다 못해서 시적이다. 시대의 변화를 읽지 못했던 기병 강국의 최후. 그렇게 폴란드는 현대사에서 강대국들에게 능욕당하기 시작한다.

IT 강국, 조선 강국, 건설 강국… 현대사에서 우리나라가 가졌던 영광스러운 닉네임들이다. 경제발전의 주역이었던 대기업들은 시대를 앞선 과감한 투자와 저돌적인 경영 방식으로 세계적으로 유례를

Fig. 2 1939년 독일은 기계화, 기갑부대를 중심으로 한 전격전(Blitzkrieg)으로 폴란드를 순식간에 점령한다. 폴란드 상공의 수투카 급강하 폭격기.

찾기 힘든 기적을 일궜다. 우리는 지금도 버릇처럼 IT 강국의 면모를 보이고 싶어 한다. 그런데 어느덧 경제위기의 굴레에서 벗어나기 위해 '디지털 뉴딜'을 외친다. 냉정한 분석을 해보자면 우리가 IT 강국이었던 이유는 충분한 분석 없이 마침 쓸 예산이 있어서 다른 나라에서 주저하던 광통신에 먼저 투자했던 것이 대박을 터트렸고, 삼성과 대기업의 반도체 그리고 스마트폰 사업이 성공을 거둔 것이지, 전반적인 IT 기술, 특히 4차 산업혁명의 핵심인 소프트웨어 기술에서는 절대로 강국이라 할 수 없다. 삼성과 같은 일류 대기업조차도 안드로이

잠시 샛길 16

쇼팽 피아노 콘체르토 1번. 2악장 로망스 라르게토.

It is not meant to create a powerful effect; it is rather a Romance, calm and melancholy, giving the impression of someone looking gently towards a spot that calls to mind a thousand happy memories. It is a kind of reverie in the moonlight on a beautiful spring evening.

어떤 힘이 담겨있는 듯한 느낌을 보여주려고 하기보다는 오히려 잔잔하고 멜랑콜리한 로망스를 나타내려고 했네. 이 로망스는 수많은 달콤한 기억을 불러일으키는 장소를 부드럽게 바라보는 이의 느낌을 표현한 거야. 어느 봄날 밤의 달빛 아래서 꿈을 꾸듯이….
– 쇼팽이 친구 보이체코브스키 Woyciechowski 에게 보낸 편지 중 2악장을 설명한 글.

감히 더 할 말이 없다.
아마 독일인들은 탐이 나서, 러시아인들은 질투가 나서 폴란드를 괴롭혔을 듯.

쇼팽, 피아노 콘체르토 1번. 2악장, Romance (Larghetto).
Krystian Zimerman, Polish Festival Orchestra

Fig. 3 말뫼의 눈물.

드 OS를 팔러온 무명의 스타트업을 문전 박대했고, 세계 굴지의 통신 회사인 KT는 거의 망한 '퀄컴Qualcomm'을 헐값에 살 기회를 놓침으로써 이동통신 사업의 수익 중 큰 부분을 매년 퀄컴에 라이선스 비용으로 바치고 있다. 한국의 철강회사가 수출하는 철강재와 한국의 조선소에 밀려 한때 지옥과 같은 나날을 보냈던 스페인의 빌바오Bilbao는 한 세기를 대표하는 건축 프로젝트가 주도한 도시재생으로 한 해 130만 명 이상의 관광객이 찾는 도시가 되었다. 한편 '말뫼의 눈물'이라는 골리앗 크레인을 다시 헐값에 팔아버린 조선 산업의 메카였던 도시의 공무원들은 생존의 해답을 찾을 수 있을까 하고 빌바오를 순례한다.

대서양에 면하여 스페인 동북부에 있는 바스크주의 수도인 빌바오는 스페인의 금융 및 철강 산업의 중심지이자 인구 100만의 항구 도시로서 번영을 누렸다. 그러나 1980년대에 들어서면서 단일 산업 구조의 철강 산업과 조선업이 급속하게 시장 경쟁력을 잃게 되는데 여기에는 우리나라의 포항제철과 현대조선과 같은 기업들이 큰 역할을 했다. 도시의 실업률은 24%를 상회했고 인구가 급감했으며 공장이 문을 닫고 항구는 오염되었다. 마약과 범죄도 급증하고 테러리즘의 위협이 일상화된 '혐오스러운 도시'가 되었는데 1983년에는 설상가상으로 대홍수가 도시를 덮쳤다.

그러나 도시재생 프로젝트가 성공적으로 마무리되면서 빌바오는 완전히 다른 도시가 되었다. 강을 정화하고 강변을 따라 조성된 도심 문화 공간과 생태공간은 빌바오를 매력적인 주거환경을 가진 도시로 바꾸었고, 구겐하임 미술관 외에 수많은 국제 건축가들이 참여한 도시 건축물들은 빌바오를 매년 100만 명 이상의 관광객이 찾는 국제적 도시로 발돋움하게 하였다.

빌바오 BILBAO 강을 정화하고 강변을 따라 조성된 도심의 문화공간과 생태공간은 빌바오를 매력적인 주거환경을 가진 도시로 바꾸었고, 구겐하임 미술관을 비롯한 수많은 국제적 건축가들이 참여한 도시 건축물들은 100만 명의 관광객이 찾는 국제적 도시로 발돋움하게 하였다.

Fig. 4 한국의 철강회사가 수출하는 철강재와 한국의 조선소에 밀려 한때 지옥과 같은 나날을 보냈던 스페인의 빌바오는 세계적인 건축물이 주도한 도시재생으로 한 해 130만 명 이상의 관광객이 찾는 도시가 되었다.

Fig. 5 스페인은 와인으로 벌어들인 돈으로 세계 최고의 건축가들을 모셔와서 와이너리를 여기저기서 유행처럼 신축하고 있다. 리오하 지역에 있는 프랑크 게리의 마르케스 데 리스칼(Marqués de Riscal) 호텔. 저자 촬영

빌바오의 성공 요인에는 무엇보다도 시장의 불굴 신념이 있었다. 절망적인 도시의 실직 노동자들이 미술관을 유치하겠다는 계획에 연일 폭동을 일으켰지만, 그는 굴하지 않았다. 그런 영웅 신화도 기대하기 힘들고 그렇다고 일생에 한번 꼭 보고 싶은 미술 작품들이 넘쳐나는 것도 아닌데, 거금을 들여 무슨 외계 생명체 같은 미술관을 만든다고 세계 곳곳에서 수백만의 관광객이 방문하는 영광이 재현될 것 같지는 않다. 다만 스페인의 경우, 그 학습효과로 와이너리 건축 붐이 인지 오래다. '자국 건축가 우선' 같은 순진한 스토리도 없다. 중국발 와인 특수로 벌어들인 돈으로 세계 최고의 건축가들을 모서와서 여기저기서 유행처럼 와이너리를 새롭게 짓고 있다.

건축의 산업화와 도시의 번영은 단순히 건축가의 역량이나 일개 건축물로 해결되는 문제가 아니다. 문화적, 기술적, 정치 사회적 역량이 성숙하고, 보이지 않는 손이 제대로 작용했을 때 그러한 일이 일어난다. 우리 건축계의 상황은 어떠한가?

"Ayo ladies & gentleman
준비가 됐다면 부를게 yeah!
딴 녀석들과는 다르게
내 스타일로 내 내 내 내 스타일로 에오!
밤새 일했지 everyday
니가 클럽에서 놀 때 yeah
자 놀라지 말고 들어 매일

I got a feel, I got a feel

난 좀 쩔어!"

　　이 이해하기 어려운 노랫말로 세계 시장을 상대하고 있는 BTS의 소속사인 '하이브'의 기업 가치는 10조가 넘는다. 세상이 바뀐 것이다. 과거의 영광에서 채 벗어나지 못한 많은 다국적 기업들이 쓰러지고 전대미문의 산업들이 경제의 주역이 되는 시절이다. 플랫폼 비즈니스로 일컬어지는 신산업은 잘 나가던 기존 산업의 생태계를 무용지물로 만들면서 경제 질서를 재편하고 있다. 건설 산업은 이러한 변화에 가장 둔감한 영역에 속한다. 건축 설계 분야는 더욱 심각하다. 설계회사의 기업 가치는 늘 제자리걸음이며 소규모 설계사무소는 20년 전이나 지금이나 소프트웨어 비싸서 못쓰겠다고 죽는소리를 한다. BIM 도입이 의무화되면 건축계를 떠나겠다는 건축가도 있고, "BIM, 다 좋으니 건축의 본질만은 간직하고 싶다."라는 황당한 소리를 하는 분도 있다.

Fig. 6 BIM 도입이 의무화되면 건축계를 떠나겠다는 설계사무소장도 있고, BIM, 다 좋으니 건축의 본질만은 간직하고 싶다는 황당한 소리를 하는 분도 있다. 이미지 변형

2. 건축 설계 산업의 현실

오늘날 세계적으로 건설 산업에 투입되는 비용은 매년 약 10조 달러로 전 세계 GDP의 13%에 해당한다. 건설 산업의 노동 생산성은 20년 전과 비교해 약 1% 정도 증가한 것으로 보고된다. 제조업의 노동 생산성이 3.6% 증가한 것에 비하면 매우 적은 수치이다.[1] 국내 설계 회사의 수익률은 여전히 전근대적이다. 건축사 간의 빈익빈 부익부 현상은 심화하고 있다. 현재 등록 건축사의 60% 이상이 1년에 단 한 건의 수주밖에 못하고 있다. 설계 요율은 20년 전이나 지금이나 변함이 없고 건축학과 졸업생들은 설계회사를 기피하고 있다. 5년간의 치열한 대학교육을 마치고 설계회사에 입사하지만, 여전히 야근과 철야를 피할 수 없는 환경에 이내 회의를 느낀다. 그런데도 건축 교육은 여전히 건축과 비즈니스 사이에 거리를 두고 있고, 건축을 상품으로 보는 것을 금기시하는 경향이 크다. 누구보다도 창의적인 집단이라고 자부하며 예술과 기술을 버무려 세상을 바꾼다는 판타지를 가지고 있지만, 현장의 상황은 그렇지 않다.

젊은 세대의 개인주의적 경향을 탓하기도 하지만 교육 현장이나 일선 현장에서 그들을 대해보면 그것이 단순한 문제가 아님을 알게 된다. 수시 입학 제도의 폐단에 대해서 논란도 많았지만, 어쨌거나 초중고부터 R&E를 하고, 프레젠테이션 콘텐츠를 만들고, 조기 영어 교육이나 논술 교육 등으로 MZ세대 학생들의 수준은 매우 높다. 게다가, 건축학 인증은 폐단도 많지만 그래도 덕분에 5년 동안 설계 스튜디오는 교육과정 대로 **빡빡**하게 수행한다. 1학년 스튜디오에서부터 프레젠테이션의 연속이다. 요즘 신입사원들의 브리핑 실력과 감각에 내심 깜짝 놀라 위기의식을 느꼈다는 건설회사 임원의 고백도 간간이 들린다. 칼퇴근에 회식 술자리 거부 등으로 불만이라지만, 자신의 문제와 직무상의 문제에 대해서 솔직하게 토론하고 자기 계발도 열심히 한다는 의견이 지배적이다.

그런데 이렇게 우수한 신인류 졸업생들은 일자리가 없다고 난리이고 일선에선 사람이 없어서 난리다. 가끔 졸업생 한 사람만 추천해달라고 전화가 오는데 "글쎄 다들 어디로 가는지 잘 모르겠습니다."라며 미안해한다. 젊은이들이 하고 싶은 일이 건축계에 없고, 건축계에선 쓸 만한 젊은 사람들은 다른 신흥 시장으로 이내 눈길을 돌리는 것이다.

하버드 대학의 졸업식 Commencement 은 장엄하고 우아하다. 졸업식이 거행되는 순간 대학의 전통과 화려함이 실감난다. 졸업식 중 단과대학별로 졸업을 인정하는 선언을 하는데 그때 학생들은 일어나서 준비된 세리머니를 한다. 1993년 졸업식 때로 기억된다. 하버드 비즈니스 스쿨 학생들의 졸업 인정이 선언되는 순간, 전통적으로 그러하듯 새내기 MBA들은 요란스레 100달러 지폐를 흔들어서 청중에게 웃음을 선사했다. 돈 벌 준비가 되었다는 것이다. GSD Graduate School of Design 의 졸업 인정이 선언된 순간…. 나는 그들이 며칠 전부터 뭔가를 굉장히 의논한 것으로 기억한다. 그들은 한 줌의 커피 원두를 뿌리며 자축했다. 나는 그때 그 세리머니의 의미를 지금도 이해하지 못한다. 뭔가 깊은 뜻이 있었겠지만… 청중들도 잘 이해하지 못했다. 내가 기억하는 것은 주위에 있던 동료들의 탄식이었다. 가장 창의적인 집단을 자부하는 새내기 건축가들이 생각해낸 것이, 결국 커피 원두라니…. 난해한 엘리티즘과 고상한 예술성에 둘러싸여 건축 교육은 늘 이렇게 비즈니스와는 거리를 두고 대중의 코드를 읽지 못하는 한계를 가지고 있다. 디지털 전환과 융합이 요구되는 이 시대에 건축학교육 인증 역시 전혀 그런 곳에 눈을 돌릴 틈을 주지 않는 불합리로 가득하다. 인증 실사에 나온 어떤 실사 위원은 여전히 손도면에 감동하고 경사로가 누락되어서 무장애 설계에 대한 교육이 제대로 안 되었다면서 트집을 잡는다.

그렇게 열심히 가르치고 스스로 고생한 건축학과 졸업생들은 이내 소위 천박하거나 몰상식한 발주처의 횡포에 자괴감에 빠지기에 십상이다. 겹겹이 누더기처럼 꼬인 심의, 어느 심의에나 존재하는 진상 심의위원, 어떤 공무원도 책임지고 해석해주지 않는 복잡한 건축법규, 현상설계 심사의 불공정성, 비전문성을 개탄하며 소확행 주의로 가거나, 그들이 경멸하던 '듣보잡' 개발회사에 합류하기도 한다.

3. 오징어 게임

"기존의 패러다임이나 문제 있는 모델을 바꾸기 위해서 애쓸 필요가 없다. 새로운 모델을 만들어 기존의 모델을 무용지물로 만들면 된다."

"In order to change an existing paradigm you don't struggle to try and change the problematic model. You create a new model and make the old one obsolete."

- Buckminster Fuller

일반적으로 뉴딜 정책이란 평소 같으면 사업성이 없어 민간에선 시도하지 않을 엄청난 사업을 인위적으로 일으켜 고용을 창출하고 돈이 돌게 하는 정책이다. IT 강국이었기에 건축도 뭔가 디지털 뉴딜을 시도하면 새로운 대박이 날 것처럼 이야기하지만 아무도 실천 계획이 없다. 반면 4차 산업혁명의 본질은 고용 창출이 아니라 능률 혁신이므로 사실 고용효과가 그리 크지 않다. 따라서 일자리의 개수가 늘어나는 것이 아니라 전대미문의 직업들이 생겨나야 한다. 기존 체계의 일자리는 줄어들고 잉여 인간은 도태될 수밖에 없는 흐름이다. 새로운 산업 체계로의 디아스포라 Diaspora 는 뼈를 깎는 혁신으로만 가능하다.

건축 분야에서의 3D 프린팅, 설계 자동화, 인공지능 기술의 도입 등이 돌파구를 마련할 것처럼 보이지만 이것은 여전히 찻잔 속의 태풍이다. 진정한 변화의 근본적인 의미를 보려면 자국 내로 신발공장

을 이전한 독일 아디다스Adidas 의 사례를 보자. 전통적으로 신발이라
고 하는 것은 다음의 과정을 통해서 만들어졌다.

- 다음 시즌에 유행할 신발 디자인을 선정 →
- 필요한 원·부자재를 대량 발주 →
- 아시아의 저임금 국가로 운송한 후 일관 생산 →
- 소비 국가로 선적해 창고에 재고를 대량 확보 →
- 도·소매점을 통해 판매

이 생산 유통 판매 사이클에는 통상 18개월이 소요되었다. 다시
말해 생산자의 입장에선 18개월 전에 정확한 유행 및 수요를 예측하
지 않으면 망하는 것이다. 상황은 다음과 같이 바뀌었다.

- 소비자는 스마트폰으로 디자인과 색깔을 고르고 아라미스
  Aramis 라는 모션캡처 기술로 맞춤 신발을 주문 →
- 주문 후 5시간 이내에 카본 3D의 초고속 3D 프린터가 150개에
  달하는 신발 자재를 개별적으로 인쇄하고 로봇이 이를 자동으
  로 조립 →
- 실시간 생산 이후 O2O 배송 업체를 활용해 24시간 이내에 주문
  에서 배송까지 완료

즉, 신발의 주문, 생산, 판매 사이클은 18개월에서 단 하루로 줄었

다. 이를 단순히 대량생산에서 실시간 다품종 대량생산의 시대로 바꾸었다고 설명할 수 있겠지만, 이것이 소위 4차 산업혁명의 본질이고 그 중추에는 인공지능이 자리 잡고 있다. 인공지능이 아직 인간을 완전히 대체하지도 않고 인류의 종말을 아직 논할 수는 없어도 인간을 구성하는 요소들을 이용해서 많은 일을 할 수 있고 우리를 인간이게끔 하는 많은 요소는 이미 가상화되어 클라우드에 흡수되어 있다.

다시 빌바오로 돌아가보자. 프랭크 게리의 빌바오 구겐하임 미술관은 20세기의 최고 건축물 중의 하나임이 틀림없으며, 컴퓨터가 아니면 생각할 수도, 완성할 수도 없는 Generation 도구 단계의 컴퓨터 활용의 이정표를 세운 건축 작품이다. Architectura ex Machina, 즉 기계로부터 만들어진 건축인 것이다. 비트라 박물관_{Vitra Museum} 이후 많은 게리_{Gehry} 의 건물처럼 그 외관 형태의 역동성 못지않게 내부공간의 유기성은 그의 명성이 헛되지 않았음을 실감하게 한다. 비트라

Fig. 7 건축 분야에서의 3D 프린팅, 설계 자동화, 인공지능 기술의 도입 등이 돌파구를 마련할 것처럼 보이지만 이것은 여전히 찻잔 속의 태풍이다. 제조업 분야 스마트 팩토리의 중추에는 인공지능과 빅데이터 분석이 자리 잡고 있고 4차 산업혁명을 주도하고 있다. 이미지 출처: Shutterstock

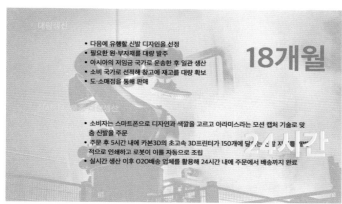

Fig. 8 스피드 팩토리의 도입에 의한 아디다스 신발 제작 공정의 변화

에서 시작된 그의 건축 여정은 컴퓨터가 재현의 도구를 넘어 생성의 도구로, 그리고 건축과 컴퓨터의 경계가 없어지는 가상화의 상태를 지향하고 있음을 알 수 있다.

생성 Generation 도구로서의 컴퓨터 기술 활용 단계에서의 건축 이정표를 세운 사례가 빌바오 구겐하임 미술관이었다면, 그의 루이뷔통 파운데이션 La Fondation Louis Vuitton, FLV 은 컴퓨터 그래픽 이미지와 실제 모습이 거의 구별되지 않는 가상 Virtual = 실제 Actual 의 경지를 보여주는 사례이다. FLV의 사진은 종종 컴퓨터그래픽과 혼동된다. 이를 가능하게 하는 것은 정밀한 디지털 패브리케이션이다. 컴퓨터 생성 지오메트리를 물리적으로 실현하면서 한 치의 오차도 허용하지 않는 프로세스가 필요하다. 재료의 물성이라는 것을 제외하면 디지털 모델, 혹은 3D 프린팅된 프로토타입, 그리고 실제 건물은 거의

Fig. 9 빌바오 구겐하임 미술관의 외관. 경이로운 컴퓨터 지오메트리에도 불구하고 구겐하임 미술관은 산업 시대의 강렬한 재료의 물성과 질감을 느끼게 한다. 저자 촬영

Fig. 10 빌바오 구겐하임 미술관의 내부. 저자 촬영

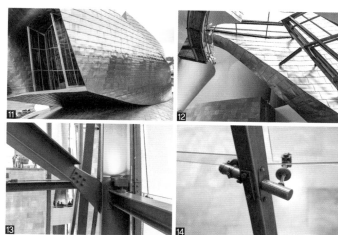

Fig. 11 빌바오 구겐하임 미술관 외부의 클래딩. 저자 촬영
Fig. 12 빌바오 구겐하임 미술관 내부의 클래딩. 저자 촬영
Fig. 13 빌바오 구겐하임 미술관의 내부 디테일. 저자 촬영
Fig. 14 빌바오 구겐하임 미술관의 내부 디테일. 저자 촬영

100% 동일한 삼위일체의 상태를 말한다.

구겐하임 미술관의 경우 실제 시공 과정에서 고급 기술자들의 장인 정신이 필요했다. 경이로운 컴퓨터 지오메트리에도 불구하고 지척에서 실제로 접하는 구겐하임 미술관에서 강렬한 재료의 물성과 질감을 느끼게 되는 것은 그러한 이유이다. 33,000장의 티타늄 패널 시트로 이루어진 복잡한 곡면을 최적화하기 위해선 고도의 컴퓨테이셔널 디자인 Computational Design 이 필요했지만, 그것을 실체화하기 위해서는 장인의 솜씨가 필요했다. FLV에서는 그러한 산업 시대 장인의 아우라는 느껴지지 않는다. FLV는 사람이 개입되지 않은 컴퓨터 그래픽과 같은 느낌을 선사한다. 전자는 여전히 장인의 근력이 묻어 있는 듯 주름진 티타늄 클래딩이 뿜어내는 건축적 아우라가 훨씬 강하지만 후자는 인간이 배제된 것 같은 비현실적 정교함을 가진다. 전자가 디지털 마스터링 Digital Mastering 에 의한 슈퍼 아날로그 디스크 SACD 라면 후자는 콤팩트디스크 CD 에 가깝다. 현실에 존재하는 디지털 건축인 것이다.

FLV의 시각적 비물질성을 가능하게 하는 것은 역설적으로 고도의 정밀성이다. 가상성 The Virtual 에 의해서 정교한 건축 실체가 현실화 Actualize 하지만, 정밀성이야말로 가상성을 보장한다. 사이버 스타일을 지향하며 기괴한 지오메트리를 구사한 주변의 건축물들이 너무

Fig. 15 FLV의 외관. FLV는 사람이 개입되지 않은 컴퓨터 그래픽과 같은 느낌을 선사한다. 저자 촬영

Fig. 16 FLV의 내부. 저자 촬영

Fig. 17 FLV의 커튼월 디테일. FLV의 시각적 비물
질성을 가능하게 하는 것은 역설적으로 고
도의 정밀성이다. 가상성(The Virtual)에 의
해서 정교한 건축 실체가 현실화하지만,
정밀성이야말로 가상성을 보장한다. 저자
촬영

Fig. 18 FLV의 커튼월 디테일. 저자 촬영

현실적으로 보이는 이유는 그것들이 의도했던 지오메트리를 뒷받침
하는 충분한 수준의 물리적 정밀성, 혹은 제품 수준의 퀄리티를 아직
이루지 못했기 때문이다. 지오메트리의 대담함과 디테일의 부정합이
만나면 남루함이 생긴다. 그것을 메꾸는 흔한 방법이 실리콘 코킹이
다. 용접공이 알아서 현장에서 자르고 땜질해야 한다. 일부 선구적인
건축 엔지니어링 회사들이 존재하지만, 아쉽게도 이러한 남루함이
전반적인 우리 건축의 구현 수준이다. 스마트 건축이나 도시를 외치
지만 물리적인 하드웨어의 생산 방식은 여전히 산업화 이전의 단계
에 머무르고 있다.

형상의 정합성이나 디테일의 문제만이 아니다. 건물이 가상화
Virtualize 된다는 것은 그것이 물리적으로 존재하지만, 물리학의 법칙

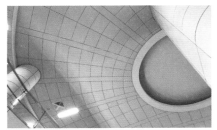

Fig. 19 우리의 물리 환경은 여전히 스마트해져야 할 여지가 많다. 지하철 역사 천장의 줄눈은 현장 작업공의 임기응변으로 마무리되어 있다. 저자 촬영

이나 신체적 한계로 인해서 온라인에서만 가능했던 일들도 수행할 수 있음을 뜻한다. 사람과 건물 모두 급격하게 사이보그화되고 있기 때문이다. 물리적인 건축 환경을 매개로 해서만 가능했던 많은 일을 사람들은 스마트폰이나 웨어러블 디바이스를 통해서, 혹은 생활 곳곳에 스미는 퍼베이시브 Pervasive 환경의 서비스로 수행한다. 과거의 사람들에 비해서 현대인은 몇 갑자의 공력을 지닌 무림 절세고수의 능력을 갖추고 있다. 전음술이나 경공술, 분신술은 기본이다. 코로나는 물리적 환경의 지배에서 벗어나는 것이 의외로 어렵지 않음을 일깨워준 계기가 되었다. 비대면 환경에서 불가능하다고 아우성치던 것이 엊그제 같은데, 이제는 대면 환경에서 뭔가를 하는 것이 그렇게 거추장스러울 수가 없다. 길다면 길고 짧다면 짧은 팬데믹 동안 교육현장에서도 학생들은 온라인 환경에서 이리저리 만들어낸 대체 방법들을, 다시 대면 수업의 현장에서 어떻게 수행할 수 있을지 당황해하고 있다. 길거리에서 손을 흔들어 택시를 잡는다는 것은 거의 불가

능해지고 있다. 카카오택시 앱을 사용해야 한다. 과거의 대면 상호작용이 유효성을 급격하게 잃어가고 있다. 생각보다 우리는 비대면 상호작용을 포함한 가상성에 쉽게 익숙해지고 우리가 단단히 의지하고 있던 건축의 강밀한 물질성은 점점 그 비중이 작아지고 있다.

건축의 물리적 품질이 아직 완성되지 않았지만, 가상성 역시 엄연한 건축의 구현 요소로 존재하고 있었으며 그 중요성이 점점 커지고 있다. 이는 단순히 가상현실 기술을 설계 도구로 사용하느냐, 혹은 온라인 게임 스페이스도 건축가가 신경을 써야 하느냐의 문제가 아니다. 설계의 조직이나 마케팅, 조달은 물론 생산 주체와 소비 주체가 점점 가상화되고 있고 그것이 4차 산업혁명의 중요한 양상이기 때문이다.

Fig. 20 우리의 물리 환경은 여전히 스마트해져야 할 여지가 많다. 여의도 IFC의 난간 마무리. 세심한 디테일 설계에 주어질 시간과 예산이 부족하기도 하지만 이러한 마무리를 무감각하게 바라보는 미적 수준도 문제다. 저자 촬영

건축 설계 분야는 유독 건축을 제품이나 상품으로 불리는 것에 대한 거부감이 크다. 건축은 공학보다는 예술이기를 내심 바라고, 공학이 아니라 인문학이라고 단언하는 이들도 많다. 심지어 이름 모를 사이비 집장사들도 명함에 버젓이 건축예술가라고 자신을 소개한다. 그러나 건축이 작가 정신만 고집하고 건축가가 스스로 업역을 예술가로 한정하면서, 건축은 제 밥그릇을 못 찾고 전근대적 사업 모델에 머무를 수밖에 없다. 넷플릭스 〈오징어 게임〉의 경이로운 흥행 성공에도 불구하고 창작자의 몫은 없다고 안타까워하거나 불공정 운운하지만 그게 현실이다. 2020년 세계적인 아동문학상을 수상한 그림책 『구름빵』은 수천억 원의 상업적 가치를 창출했지만 받았는데 정작 창작자는 2,000만 원이 채 되지 않는 인세 수익을 받았다. 창작자의 원천 아이디어를 헐값에 넘긴 불공정 계약이라는 세간의 비난이 쏟아졌지만, 결과적으로 창작자는 저작권 소송에서 패소했다. 그러나 그러한 결과가 나오기까지 출판사나 OTT 서비스 Over-The-Top Media Service 가 모든 리스크를 안고 마케팅 등에 주력하여 얻은 결과이므로 당연하다는 입장이다. 계약은 계약이고 그렇게 하지 않으면 꿈도 못꿀 일이라는 것이다. 〈오징어 게임〉의 감독 역시 오랜 시간 시나리오를 들고 여기저기를 노크했으나 한국에는 투자자가 없었다. 봉준호 감독의 〈기생충〉이 세계 영화제를 석권하기 위해서 막후에서 들인 마케팅 노력 없이 순전히 작품의 수준만으로 그러한 결과를 얻었다고 생각하면 너무 순진한 것이다. BTS와 같은 시스템은 기존의 연예 산업은 물론 우리의 창작 산업과는 완전히 다른 시스템이다. 건축 설계 산업이 이제는 작가 정신만으로 먹고 살 수는 없을 것이다.

건축은 과연 얼마나 파괴력 있는 상품이 될 수 있을까? MP3와 같은 미디어를 생각해보자. 건축은 MP3와 같은 상품이 될 수 있는가? 무한 복제를 넘어서 무한 가공이 가능한 Process-able 건축은 어떻게 구현되고 왜 필요할까? 스마트폰처럼 OS가 업그레이드되고 다양한 앱을 통해 기능과 양상이 재구성되는 건축양식이 왜 필요해졌을까? 스마트폰처럼 구매할 수 있고 이전과 폐기가 자유로운 건축은 무엇일까?

네스프레소 캡슐커피 머신 중에서 픽시 라인은 측면 판을 교체할 수 있는 제품이다. 사용자는 다양한 테마 색상과 감각적인 그래픽 패턴의 측면 판을 추가로 주문해서 교체할 수 있다. 오래 사용해서 질리면 분위기를 바꾸고 크리스마스와 같은 특별한 시즌의 분위기를 연출하기도 한다. 새로운 세대는 이러한 이미지 메이킹과 감성적인 가치에 기꺼이 돈을 낸다. 캡슐커피 자체가 이미 그러한 비즈니스 모델의 사례이다. 캡슐커피 머신은 캡슐과 비교해서 상대적으로 저렴하다. 프린터 토너 비즈니스 모델이다. 프린터의 핵심 기능은 토너 카트리지에 패키징 되어 있어서 사용자는 편리함 대신에 비싼 토너 카트리지를 구매한다. 프린터 메이커는 지속해서 토너 수익을 보장받는다. 한번 사면 좀처럼 바꾸지 않는 커피 머신이 지속해서 수익을 창출하는 모델이다.

건축 생산 역시 이러한 모델을 마다할 이유가 없다. 키에란 팀버레이크 Kieran Timberlake 나 자하 하디드 Zaha Hadid Architects 와 같은 선도

적 설계회사들이 센서 네트워크와 모니터링 앱을 통해서 사용자의 행동과 감정을 분석하여 설계의 개선과 유지관리에 활용하는 사례는 이미 유튜브 매체 등에서도 쉽게 접할 수 있다. 이러한 분석을 통해서 향후 설계를 개선하고 최적화하겠다는 것이 우리 건축가들이 가지는 장인 정신이다. 국내에서도 UHPC[콘크리트의 압축강도와 인장 강도를 함께 향상해 기존 콘크리트 대비 월등한 성능을 지닌 콘크리트 재료]를 이용한 감각적인 의장의 건축이 찬사를 받지만 결국 그것은 장인의 도구에 지나지 않는다. 건축의 산업화와는 무관한 것이다. 이러한 외피가 현장에서의 삽질 없이 픽시의 패널처럼 교체될 수 있어서 건축물의 기능적, 의장적 가치가 높아지고 사용자가 만족해하

고, 관련 업체가 지속해서 그러한 패널을 다품종소량생산으로 판매해서 건물이나 시설물에 매출을 올릴 수 있고, 이러한 과정에서 다양한 업체가 먹고 사는 시장을 창출하지 않으면 건축 설계 산업은 결코 전근대성을 벗어나기 힘들 것이다. 집을 팔았으면 소프트웨어도 팔고 액세서리도 팔고 보험이나 유지관리 패키지의 구독 서비스도 팔고 설계 데이터는 이리저리 가공되고 온라인 라이브러리로 판매되는 그런 '이상한' 시장을 말하는 것이다.

가끔은 이런 생각을 한다. 건물의 가치가 올랐을 때 그로부터 생기는 수익의 일정 부분을 설계자도 지속해서 배당받는 그런 구조. 실제로 테슬라 Tesla 는 자동차의 사용량에 따라 가격을 결정하는 모델을 제시한다. 이는 그저 빨대를 꽂는 개념이 아니다. 두 가지 측면에서 생각할 수 있는데 건축물에 대한 지속적인 A/S에 대한 연결된 서비스를 제공한다는 점이고, 설계자의 설계 능력이 계속 향상될 수 있

Fig. 22 KieranTimberlake는 자체적인 연구로 건물의 성능 모니터링을 위한 센서 기술을 개발하고 있다. 연구가 통합된 설계(Research Integrated Design)의 대표적인 사례. 이미지 제공: KieranTimberlake

Fig. 23 스마트 도로시설물의 디지털 생산 모델. 이미지 제공: Design Informatics Group, SKKU / 작성: 이가희

는 것이다. 스마트폰 케이스와 같은 비싼 액세서리에 사람들이 얼마나 많은 돈을 내는지 보자. 서브스크립션 서비스로 소프트웨어나 커피 머신, 프린터 사업이 어떻게 지속적인 돈벌잇감을 마련하는지 보자. 기존의 건축물이나 시설물은 그것이 쓸모가 없어질 때까지 건축가의 수익과는 관계없는 일이었지만 시설물도 수시로 새로 단장하는, 크리스마스나 국경일을 위해 새로 단장하는 그런 개념이다. 이런 소소한 아이디어는 무수히 많다. 뱅앤올룹슨Bang & Olufsen 의 스킨플레이Skin Play 역시 나름의 마니아층을 확보하고 있다.

3D 프린팅과 제너러티브 디자인 기술, 그리고 빅데이터 분석과 AI 기술이 결합한 대량 맞춤 생산Mass Customization 은 과거에는 수공업 대장간에서만 가능했던 다품종소량생산을 저렴한 가격에 가능하게 만드는 모델이다. 빅데이터 분석으로 완공 시점에 유행할 색상 패턴을 선택하고, 그에 적합한 구조를 디자인하고 3D 프린팅으로 출력하고 공장에서 정밀 생산된 스마트 도로시설물을 상상해보자.

이는 모듈화되고 표준화된 플러그인 시스템을 가지고 있어서 새로운 통신 모듈이나 디스플레이, 의자, 냉난방 혹은 공기 정화 모듈들을 교체하고 유행이 지난 외장 패널을 세련된 패널로 교체할 수 있다. 특정 부분은 3D 프린팅으로 제작된 신형 부품으로 교체할 수 있고, 건축가는 이러한 유지관리와 새로운 디자인 리모델링 서비스로 지속적인 수입을 갖게 된다. 심지어 모든 도로시설물이 동일한 디자인일 필요도 없다. 온라인 장터에 건축가나 학생들이 올린 디자인을 채용해서 거기에 대한 디자인 용역비는 암호화폐로 지급된다.

테슬라는 자동차의 개념을 자동차의 기능을 가진 컴퓨터로 바꾸어놓았다. FSD Full Self Driving 기능을 내려받으면 구매했던 테슬라는 전혀 다른 기능의 자율주행차로 탈바꿈한다. 가속 부스트 기능도 소프트웨어 업그레이드로 확장될 수 있고 인포테인먼트 Infotainment 의 구독료를 받는 서비스도 출시되었다. 그뿐만 아니라 알고리즘 기반의 테슬라 보험도 출시되었다. 기존의 자동차 산업은 전장이라고 하는 부분이 있었지만, 여전히 IT 장비나 디지털 데이터가 차지하는 그 비중이 작았다. 그러나 이러한 모델은 OS 업그레이드를 통해서 전혀 다른 차가 되는 것이다. 그리고 보다 큰 가치를 창출하는 부분은 자동차의 하드웨어보다 소프트웨어이다. 소프트웨어에 의해 정의되는 자동차 Software Defined Vehicle 라는 이러한 제품의 개념은 제조업 분야의 다양한 현장에서 현실화하고 있다. 볼보 Volvo 는 굴착기를 판매하는 대신에 굴착기의 사용량에 따라 청구하는 Pay-Per-Outcome PPO 모델을 내놓았다.

건물에서 눈에 보이지 않는 전기 통신 장비가 차지하는 비중이 커졌지만, 소프트웨어가 차지하는 비중은 지극히 미미하다. 디지털 건

Fig. 24 Volvo CE의 굴삭기 비즈니스 모델. 이미지 출처: Volvo CE 홈페이지

축을 표방하던 과거의 건축 설계는 형태적 유희에 집중하였다. 디지털의 액상성 Liquidity 에 집중한 것이었다. 그러나 디지털의 가상성 Virtuality 은 건축이 좀 더 상품화되고 제품화되어 현대 산업의 다양한 플랫폼에 이식되고 배양될 수 있는 특성을 말한다. 이를 위한 전제조건은 건축의 가상성을 증대시키는 것, 즉 소프트웨어의 비중을 높이는 것이다. 즉, Software Defined Architecture의 출현이다.

건축에서 소프트웨어 혹은 가상성은 무엇인가? 카카오나 자율주행 로봇 택배 등과 연계하기 위해서 구조가 바뀌어야 하고 3D 프린터와 공생하기 위해서 바뀐 건물의 모습을 상상해보자. 자율주행 운송기관과 택배 로봇은 이미 택배라는 것을 굳이 집이 아닌 자동차의 트렁크로 배달해주는 서비스를 내놓고 있다. GPS에 의해 정밀한 위치 추적으로 이동 중인 공간에서도 택배 서비스를 받을 것이다. 사람들은 1인 주거공간의 콤팩트한 공간을 만들면서 일시적으로 불필요한

Fig. 25 바우하우스는 예술, 디자인, 건축에서 새로운 삶의 방식을 제안한 혁명이었다. 이제 건축은 기존의 자동차나 화물운송 수단과는 혁신적으로 다른 자율주행차나 운송 로봇과 긴밀하게 연계되는 건물을 고민해야 한다. Dessau 바우하우스, 이미지 출처: Unsplash

물건은 용기에 넣어 앱 버튼만 누르면 로봇 택배가 어딘가 보관창고로 가져갔다가 다시 버튼을 누르면 언제든지 집으로 가져다 놓는 무한 저장공간 서비스가 건축에 결합할 것이다. 건축은 기존의 자동차나 화물운송 수단과는 혁신적으로 다른 자율주행차나 운송 로봇과 긴밀하게 연계되는 건물을 고민해야 한다. MUJI와 같은 문구회사는 자체적인 디자인 브랜드 인지도와 시스템, 그리고 유통망을 이용해 주택을 제공한다. 10여 년 전 카카오 메신저 카카오톡 가 결국 삼성이나 현대와 같은 재벌을 위협하는 새로운 경제의 중심이 될 것을 얼마나 많은 사람이 예상이나 했던가. 건축사법의 보완만으로 건축가가 얼마나 생존할 수 있을까?

한 땀 한 땀 명품 가죽 장인처럼 고급의 건축을 수행하는 건축가들은 당연히 존재할 것이고 여느 시장에서나 마찬가지로 그들은 번영할 것이다. 그러나 대다수 건축가에게는 소프트웨어가 차지하는 비중이 훨씬 높아져서 건축의 가상화 정도가 일정 수준 이상을 넘어서야 하고, 그로 인해, 건축이라고 하는 것이 기술 플랫폼 위에서 생존해야만 하는 세상이 온 것이다.

설계와 시공 분리 규제 철폐에 관하여 산업합리화와 생존권 사수의 차원에서 첨예한 논쟁이 벌어지고 있다. 당장 만약 건설사가 설계를 할 수 있는 상황이 되면 현재 설계 시장에 가져올 파장은 크다. 특히 대형 설계회사엔 타격이 클 것이다. 주거 건축은 어떠한가? 마음 같아서는 설계사무소가 시공까지 제대로 마무리하는 멋진 다세대주택들로 가득 찬 세련된 도시환경이 되었으면 좋겠다. 엉터리 예술가와 허가방이 활약한 집장사 집들이 사라진 멋진 도시 말이다. 그런데 만약 건설사가 유명건축가를 고용해서 브랜드화된, 그리고 아파트 수준의 상품성을 가진 주택을 보급한다면? 오히려 사용자로서는 반길 일 아닌가? 집 한번 짓고 나면 10년은 늙는다는 속설이 있는데, 루프톱이 있고, 멋진 다락방이 있는데, 가격도 합리적이고 서비스센터에서 모든 유지관리와 A/S를 해주는 단독주택 말이다. 설계사무소엔 생존권의 문제라고 언성을 높이지만, 실제 이러한 상품성을 가진 주택의 문제는 소위 집장사와 허가방 건축사들이 만드는 조악한 건물들의 문제가 아닌가? 건축학과에서 공들여 키워 내보낸 졸업생들은 이런 남루하고 천박한 도시환경을 만드는 일은 하고 싶지 않을 것 같다.

건축 구성요소가 부품화, 모듈화되고 고도로 산업화한다면 우리는 아마존이나 구글에 제공하는 주택과 도시에서 생활하고 그들에게 데이터를 갈취당하면서 그들이 원하는 생활을 할지도 모른다. 이런 플랫폼은 '타다'나 '우버'에 분통을 터뜨리는 택시 기사들처럼 많은 건

잠시 샛길 17

어떻게 생각하면 출판업자인 디아벨리가 평범한 왈츠곡을 작곡한 뒤 50명의 작곡자에 변주곡 작곡을 요청한 건도 돈 많은 발주자의 아니꼬운 허세일 수도 있지만, 그래도 음악은 표현에 있어서 건축보다 훨씬 자유롭다. 작곡가가 진정 창조한 것이 무엇인지 작곡가 외에는 모르기 때문이다.

슈베르트, 디아벨리 왈츠의 변주곡 38번.
Rudolf Buchbinder 연주

축가를 잉여 인간으로 내몰 수도 있다. 건축가 역시 배달 서비스 플랫폼에 목을 매는 음식점 주인과 같은 처지에 내몰릴 수도 있다. 혹은 온라인 장터에 자신의 디자인 연작을 올리거나, 커튼월 디테일을 올려놓고 다운로드 횟수만큼 사용료를 받는 익명의 개발자가 될 수도 있다.

잠시 샛길 18

몇 년 전 『가디언』지와의 인터뷰에서 하루키는 외부세계와 단절된 채 우물 바닥에 앉아 있는 것이 일생의 소원이라고 토로한 적이 있다. 우물은 그의 소설에서 현실과 가상세계, 과거와 현재, 도덕과 욕망을 이어주는 통로의 역할을 한다.

우물에 던져짐으로써, 죽어야 할 장소에서 죽어야 할 시간에 죽지 못한 이에게 은총은 없다. 그러나 메마른 우물 바닥에 홀로 앉아 언뜻언뜻 모습을 드러내는 객관의 세계를 인식하게 되고, 비로소, 내 정신이 구축한 신화의 세계를 넘어 피안의 경지로 발을 내딛게 되는 것이다.

"깊이를 알 수 없는 우물의 메마른 바닥에 내던져진 포로인 양, 도대체 내가 누구인지, 그 무엇이 날 기다리는지 깜깜할 뿐이다. 하지만, 사탄과의 이 끔찍하고 고된 싸움에서 나는 승리하여 솟아날 운명임을 믿어 의심치 않는다. 그렇게, 정신과 물질이 완벽한 조화로 융합하여 보편왕국이 도래할 것임을."
– Chekhov, ⟨The Seagull Act one⟩ The play within the play.

Sviatoslav Richter 연주, 베토벤 피아노 소나타 32번의 2악장. 아리에타. 토마스 만의 '파우스트'의 구절처럼, "... consoled by the C sharp, was a leave-taking in this sense, too.... the farewell of the sonata form." 소나타라는 형식과의 이별이다.

베토벤, 피아노 소나타 32번. 2악장.
아리에타(Adagio molto semplice e cantabile). Sviatoslav Richter 연주

4. 디지털 뉴딜

미첼 Mitchell 과 맥컬로우 McCullough 는 『디지털 디자인 미디어』에서 문자나 음원을 1차원 매체로 정의였다. 그러나 워드 프로세서가 1차원 매체 편집 도구에 머무르지 않는 것처럼 음원도 그러한 차원에 머무르지 않는다. 애플뮤직의 공간음향은 음원 콘텐츠가 공간을 지향하고 있는 예이다. UWB초광대역 기술이 녹아든 에어택 Airtag 은 그저 분실물 위치추적이 아니라 애플과 같은 회사들이 그리는 원대한 공간 비즈니스의 야심을 엿보게 한다. 가능한 기술을 총동원해서 인공현실을 창조하려 했던 바그너 Wagner 의 악극처럼 이들은 다차원의 감각을 음원에 부가함으로써 현실감을 극대화하려고 한다. 적당한 거짓이 섞여야 진실하여 보이는 것처럼 비현실적 리얼리티는 다른 현실 Artificial Reality 혹은 가상성 Virtuality 을 만들어낸다.

역설적으로 가상성은 치밀한 구체성과 물리적 정교함에서 나온다. 적절한 거짓말을 섞지 않으면 진실처럼 보이지 않듯이 너무 완벽하면 실제처럼 느껴지지 않는다. 매체의 차원이 증가하고 리얼리티가 커질수록 그것은 노이즈가 스며있는 현실이 아니라 대체 현실을 만든다.

너무 생생한 현실은 상상력의 이끼를 표백시켜버릴 수 있다. 그들이 원하는 것은 우리를 질척한 현실의 밑바닥에서 건져줄 상상력이 아니다. 그들은 우리의 마음이 또 다른 상품과 다른 서비스에서 구원을 갈구하길 원한다. 디지털 콘텐츠 플랫폼은 그러한 욕망을 배양하는 가상 공간을 지향한다.

상상력을 부여하는 것이 건축가의 몫이라면 인공 현실에 버금가는 가상성은 건축이 디지털 전환 시대의 매트릭스의 미로를 풀어나갈 키 메이커 Key Maker 이다. 우리가 상상하는 것보다 건축의 많은 부분은 가상성에 의존하고 있다. 엘리베이터나 에스컬레이터, 커튼월 유리는 불과 백여 년 전에는 마술로 여겨졌고, 건축의 물리적 한계를 무너뜨리고 가상성을 부여한 기술들이다. 사물 네트워크, 인공지능, 빌딩 OS 운영체제 와 같은 기술은 점점 건축을 가상성의 영역으로 인도한다. 과거, 격 있는 건물의 일부였던 파이프오르간처럼 3D 프린터나 로봇은 건물의 일부가 될 것이다. 이러한 가상성은 상상력의 영역이 아니라 욕망의 영역에 속한다.

일상의 건축을 욕망의 대상으로 만들지 않으면 건축은 예술의 영역에만 머무른다. 오래전부터 건축에 내재하여있던 가상성을 끄집어내어 기술 플랫폼에 이식함으로써, 건축과 제조업, 미디어가 만나는 접점에서 새로운 상품이 탄생한다. 이는 도면이나 모델이 아니라, 건축가가 상상력을 발휘하면서, 건축 산업 생태계가 발전할 수 있는 전대미문의 상품을 말한다. 새로운 세대는 이미 디지털 매체와 물리적 실체의 경계에 큰 의미를 두지 않는다. 이러한 상품은 기성세대가 건축이라고 여기던 3차원의 물리적 공간에 한정되지 않을 것이다. 건축이라고 4차 산업혁명의 운동경기장 한구석에 앉아서 땅바닥에 그림을 그리고 있으라는 법은 없다.

건축 건설 분야에선 4차 산업혁명은 요원하다. 그렇게 꼬이고 꼬인 규제와 심의, 갑질 문화, 관변 마피아, 기술혁신의 이익을 눈곱처럼 여기게 하는 집값 상승과 투기, 구태의연하거나 저급한 발주처의 매트릭스를 어떤 인공지능도, 빅데이터도, BIM도 해결할 수 없기 때문이다. 기존 인허가 시스템이나 BIM 관리체계는 제자리를 못 잡고 있는데 무작정 데이터를 만들어서 어떤 변화가 있을지 모르겠다. 전대미문의 건축 관련 일자리가 생겨나고 혁신적인 비즈니스가 일어나지 않는다면 그저 일시적인 아편이 되지 않을까?

건축 교육이 바뀌고 건축가의 디지털 생존력이 비약적으로 커지는 내부를 향한 파괴 Implosion 는 이미 시대적인 요구이다. 코로나 사태는 그 시대를 좀 더 앞당겼을 뿐이다. 건축을 예술이 아닌 제대로 된 제품, 상품으로써 제공할 수 있는 새로운 종류의 건축가들을 양성할 수 있기를 원한다. 변한 것은 무엇인지 변하지 않는 것은 무엇인지 누구보다도 먼저 이해하고 킬러 상품을 만들어낼 수 있는 창의적인 건축가만이 생존할 수 있다.

4차 산업혁명의 요건과 본질을 제대로 파악하고 건축 분야에서 애플이나 구글, 아마존, 페이스북과 같은 혁신을 바란다면 정부와 발주처가 행하는 외부로의 파괴 Explosion 가 전제되어야 한다. KASITA 와 같은 스타트업, 카테라 Katerra 와 같은 건설사들이 무수히 생겨나고, Cover사와 같은 설계사가 자유롭게 활동할 수 있는 환경을 우선 만들 수 있도록 시대착오적인 규제와 불합리한 심의가 사라지길 바란다. BIM 설계를 도입하고 싶으면 발주처부터 제대로 이해하고 제대로 된 인력을 양성하고 프로세스와 조직이 혁신되길 바란다.

1 McKinsey & Co.(2017), Reinventing Construction: A Route to Higher Productivity

"별 볼 일 없던 영장류 호모 사피엔스가 어떻게 이 행성을 지배하게 되었는가?"라는 질문으로 인류의 역사를 이야기한 『사피엔스』의 작가 유발 하라리는 후속작인 『호모 데우스』에서 인공지능과 첨단기술이 인류를 어떻게 바꿔놓을지 전망하고 결국에 남게 되는 인류는 우리가 알고 있는 인류가 아닐 수도 있다는 섬뜩한 미래를 제시한다. 상상 속에 존재하는 허구적 개념인 법과 돈, 신, 국가, 기업 등을 믿는 능력으로 대규모로 유연하게 협력할 수 있었던 점이 호모 사피엔스의 성공 비결이었음을 설파한 그는 『호모 데우스』에서 우주적 규모로 데이터를 처리하며 스스로 발전하는 네트워크와 일개 데이터로 전락해 결국 사라져 버릴지도 모르는 인류의 미래 보고서를 통해 인본주의와 자유주의의 종언, 그리고 데이터 교의 도래를 예언한다.

인공지능이 설계하는 건축이 어떻게 인간 건축가의 작품을 대체할 수 있겠냐고 자위하겠지만 이러한 상황은 앞서 인용한 영화의 한 장면과 동일한 문제를 제기한다. 즉, 대부분 일반인이 걸작 미술품이나 교향곡을 작곡할 수 없는 것처럼 걸작 건축물을 남길 수 있는 건축가도 극히 일부에 지나지 않는다. 대학 구내식당에 도입된 자동 라면 조리기는 일류 라면집의 라면 맛을 내지는 못하지만 이미 사람이 무성의하게 만드는 라면보다는 훨씬 맛깔스럽고 일정한 품질을 보장하듯이 인공지능이 설계하는 주택은 대부분의 '집장사 건물'보다 다채로운 설계와 합리적인 가격으로 사람들에게 다가올 것이다.

인공지능의 위력을 두려워하거나 낙관하면서 건축가의 미래를 불확실하게 여기지만, 건축가 또한 어느덧 사이보그화된 자신을 발견하게 된다. 강력한 디지털 설계 도구는 물론, 스마트폰이나 태블릿 PC, 드론, 3D 프린팅 기술 등으로 건축가는 과거의 건축가가 상상할 수 없던 신의 능력을 갖추게 되었다. 건축물 자체도 우리가 느끼는 것 이상으로 로봇화되어 있다, 엘리베이터나 센서네트워크, 지능적인 냉난방 장치, 사물 네트워크 기술이 접목된 건물은 과거의 건축물에 비해서 로봇에 가깝다. 그러나 사람들은 이내 이러한 기술들을 건축물의 당연한 특성으로 여긴다. 이러한 사이보그적 특성은 건축을 디지털 기술 플랫폼과 연계하는 매개가 되지만 건축가들은 이를 상품화의 도구보다는 설계를 더 잘하기 위한 장인의 도구로만 다뤄왔다.

건축물 자체가 로봇화되는 상황과 평행하게 건축을 구현하는 도구도 큰 변화를 맞고 있다. 전통적으로 현장 지식과 습식 공정이 주도하는 건축 분야는 첨단 디지털 기술이 제공하는 가상 건물의 무결성을 실체화하는 데 근본적 한계에 직면한다. 또한 건축가들은 건축물을 단순한 물리적 제품이나 상품으로 보는 것을 꺼려왔다. 물리적 형상보다 무형의 공간에 더 큰 가치를 두는 건축 특성은 제품 설계 분야에 비해서 적절한 도구를 찾기가 어려웠고 항상 CAD는 '건축을 이해하지 못하는 도구'라는 오명이 씌었다. 그러나 상황은 달라지고 있다. 건축물의 모듈러화와 프리패브화가 가속화되면서 건축물도 제품처럼 설계하고 시공, 유지관리할 수 있는 시대가 도래하고 있기 때문이다. 건설 현장의 전문 인력난과 인건비 상승은 프리패브와 로봇 시공의 도입을 원하고 있다.

환경의 변화는 설계 조직의 변화도 요구한다. 라이프 스타일의 급격한 변화와 산업 환경의 변화는 새로운 공간 프로그램을 요구한다. 이질적인 공간 프로그램의 조합과 변용으로 기존의 유형을 템플릿처럼 적용하기 어려운 새로운 설계의 유형이 계속 나타난다. 이러한 설계 유형을 만들어내지 못하는 설계회사는 도태되기 마련이다. 적어도 세계 시장에서 명함을 내밀 수 없다. 프로젝트의 물리적 규모와 관계없이 새로운 설계 유형들은 제품 디자인 프로세스에서 요구되는 기획과 사용자 경험의 통합, 그리고 프로토타이핑 프로세스를 요구한다. 설계 조직은 이제는 선임 설계자의 컨셉 스케치를 받아서 후임 설계자가 대안들을 만들어서 장단점을 비교하는 크리틱 프로세스일 수가 없다. 또한 개념설계에서 실시설계로 이르는 동안 설계안의 구체성이 발전하는 선형적인 프로세스일 수가 없다. 설계 초기 단계에 투명하게 통합되는 다양한 성능 지향적 시뮬레이션 기술과 클라우드 컴퓨팅 기술의 지원으로 설계안들은 어떤 안이 어떤 안보다 선행하거나 발전된 개념이 아니라 동시다발적으로 발전되고 평가되는 비선형적 프로세스를 취하게 된다. 따라서 설계 조직은 이러한 환경에 적응하는 다학제적인 구조가 되어야 한다. 디지털 패브리케이션 기술이 건축의 생산과정은 물론 설계과정에서도 중요한 역할을 하게 된다.

설계팀은 그 자체로서 브랜드화되고 시간적, 지리적, 언어적 장벽을 넘어선 글로벌 협업으로 진행될 가능성이 크다. 여기서 분석-생성-평가 Analysis–Synthesis–Evaluation 라는 고전적인 설계 프로세스 모델은 점점 그 효력을 잃어갈 것이다. 현대사회의 빅데이터와 복잡성, 그리고 다양한 사용자의 요구를 충족하고 경험을 창조하기 위해서는 아이디어가 디자인으로 이어지고 거기서 제품이 만들어지면 측정을 통해 학습이 이루어지고 다시 새로운 아이디어가 도출되는 프로토타이핑 사이클이 필요하다. 파라메트릭 디자인과 정보모델, 그리고 디지털 패브리케이션 기술은 이러한 제품 개발 프로세스를 닮은 건축 설계를 가능하게 한다. 이러한 프로세스는 건축가들이 좀처럼 인정하기 싫어하던 상품으로써의 건축이라는 금단의 열쇠를 풀어줄 것이다.

3D 프린팅 기술의 폭발적 발전과 함께 디지털 패브리케이션 기술은 설계 단계에도 깊숙이 파고든다. 과거의 CNC 공작기계에 의한 패브리케이션이 현장 시공을 위한 기술이었다면, 3D 프린팅은 설계 단계에서 건축 모형을 출력하는 수준을 넘어서 실제 크기의 프로토타이핑을 통해서 설계 성능을 사전에 파악하고 최적의 대안을 찾을 수

있게 한다. 그리고 이러한 물리적 프로토타입을 제작하고 다뤄봄으로써 일반화된 재료의 물성과 거동을 넘어서는 새로운 구조를 테스트해보고 혁신적인 설계를 할 수 있다. 3D 프린팅은 초기의 수지에서 금속, 콘크리트, 세라믹 등 그 재료의 한계를 급격히 극복하고 있다. 그리고 로봇과 결합하여 실제 크기의 구조물을 출력함으로써 건축의 생산방식을 크게 바꿀 것이다. 파라메트릭 디자인 정보에 의해 통제되는 로봇은 기존의 경화성 재료를 출력하는 것 외에 벽돌의 조적이나 목구조의 부재들을 조립하는 일들을 하게 된다. 따라서 이제 파라메트릭 디자인의 관심은 형상에서 재료로 그 초점을 옮기고 있다고 해도 과언이 아니다. 결국 재료 전산Material Computation 이라는 영역이 건축의 설계와 생산에서 중심적인 역할을 하게 되는 것이다.

3D 프린팅 기술을 사용하여 대규모의 정밀 모형을 자유롭게 출력하는 것처럼, 기존의 표현영역을 개념을 넘어서 물리적인 프로토타이핑에 필요한 실물 크기의 부품이나 건축 시스템을 설계과정에서 출력하고 테스트할 수 있기에 설계 초기 단계에서 건물의 성능을 구체적으로 예측하고 통제할 수 있다. 따라서 설계 조직은 디지털 패브리케이션 프로세스를 코디네이션 하는 엔지니어, 재료 엔지니어, 그리고 파라메트릭 디자인과 BIM을 코디네이션하는 전문가의 역할이 매우 중요해진다. 아울러 데이터를 분석하고 이를 설계 프로세스의 중요한 재료로 사용할 수 있도록 가공하는 데이터 전문가의 역할도 중요하다. 금속이나 콘크리트, 목재를 넘어서 디지털 패브리케이션은 다양한 매력적인 신재료를 건축에 도입하고 있다. 또한 건축이 점

점 로봇화되면서 사물 네트워크IoT 장치나 로보틱스 부품, 에너지 하베스팅에 필요한 상변화물질PCM. Phase Change Material 등도 중요한 재료가 되고 있다. 그보다도 더 매력적이고 강력한 재료는 아마도 데이터가 될 것이다. 결국 설계 조직은 이러한 새로운 재료와 프로세스를 다루기 위해서 변신해야 할 것이다. 설계 단계에서 실물 스케일의 프로토타이핑은 물론, 클라우드 컴퓨팅을 기반으로 한 글로벌한 다학제적 협업이 중요해진다. 따라서 설계팀은 도제식이 아니라 훨씬 스타트업 조직과 유사해져야 한다. 또한 교육과 실무현장에서 설계 프로세스는 도제식, 크리틱 중심의 환경에서 벗어나 연구가 통합된 설계 프로세스Research Integrated Design가 되어야 한다.

이미 인공지능은 "정의" 또는 "인간성"이라고 부르는 개념을 제외

Fig. 1 설계팀은 도제식이 아니라 훨씬 스타트업 조직과 유사해져야 한다. 또한 교육과 실무현장에서 설계 프로세스는 도제식, 크리틱 중심의 환경에서 벗어나 연구가 통합된 설계 프로세스(Research Integrated Design)이 되어야 한다. 이미지 변형

Fig. 2 "팔리지 않으면 창조적이지 않은 것이다." – David Ogilvy. 기존의 생산 프로세스와 조직을 혁신하지 않으면 창조적인 디자인이 나올 수 없다. BIG 설계의 Amager Bakke(Copenhagen). 이미지 제공: Image by Rasmus Hjortshoj & BIG – Bjarke Ingels Group

한 모든 전문 영역에서 인간을 압도한다. 인공지능에 의해 대체될 마지막 전문 영역이라고 하는 건축가나 예술가의 영역도 그다지 철옹성처럼 보이지는 않는다. 그러나 여전히 인간 건축가가 찾아야 할 일들은 있다. 산업계나 소비자 시장에서 새로운 기술이 자리 잡기 시작하면 전통적인 비즈니스 모델은 겨우 2~3년을 버틸 수 없음을 역사는 말해준다. "시간이 지나면 그러한 혁신으로 일자리를 잃는 것보다 빠른 속도로 새로운 종류의 일자리가 생겨나기 마련이다."Brett King, 『Augmented: Life in the Smart Lane』. 런던의 블랙캡 택시 기사들은 높은 연봉을 받지만, 그들도 우버와 무인 택시의 위협에 직면하고 있다. 그들은 문화해설 등등의 추가적인 자격을 획득하기 위해서 부단히 시간을 투자하고 그것은 수입 증대로 이어진다. 인간 건축가 역시 인공지능 건축가에게 내줄 것과 확장할 것을 구분하고 스스로 기술 적응력을 높이고 활동 영역을 확대하면서 새로운 비즈니스 모델을 만들 필요가 있다.

하이프사이클Hype Cycle 은 인공지능 분야에도 예외가 아니다. 현재의 인공지능은 딥러닝과 거의 동격으로 취급되고 있다. 입력과 출력에 있어서 XY 함수가 성립되는 예전의 통계 모델과 달리 딥러닝은 여러 층의 숨겨진 층위Hidden Layer 를 가지고 있어서 XY 매핑이 불가능하다. 따라서 딥러닝의 코어에서 일어나는 일은 블랙박스로 취급된다. 딥페이크Deep Fake 는 학습으로 가공의 인물들을 만들어낸다. 이미 딥페이크에 의해 만들어진 실존하지 않는 인물들이 온라인 세계에서 범람하고 있으며 스파이 산업이나 섹스 산업에 악용되기 시작했다. 아직은 실감이 나지 않지만, 조만간 딥페이크처럼 건축물의 이미지와 설계 데이터를 학습해서 무한정의 설계를 만들어내는 인공지능 건축가가 나올 것이고 딥페이크의 미남미녀처럼 번드르르한 건물들을 설계해낼 것이다, 딥페이크는 블랙박스에서 어떤 논리로 이런 일이 일어났는지 설명하지 못한다. 차이가 있다면 인간 건축가는 사유의 과정을 설명할 수 있다. 역으로 말하면 인간이라면 사유의 과정을 설명할 수 있어야 한다.

제너러티브 파라메트릭 디자인이나 단순한 알고리즘, 혹은 무작

위적인 디지털 클레이 작업으로도 무수히 많은 결과물을 단시간 내에 만들 수 있다. 멋진 비정형의 건물 형태는 그런 무수한 가능성 중의 하나일 뿐이다. 딥페이크는 설명을 할 수 없지만, 건축가는 그것을 그렇게 만드는 과정을 설명할 수 있어야 한다. 최근 딥페이크에 의해 생성된 이미지를 역추적해서 딥페이크가 학습한 사례들을 찾아내는 프로그램이 나왔다. 이것은 딥러닝의 블랙박스 논리를 무력화하는 것이기에 논란거리다. 인공지능은 결국 또 다른 트랙을 밟게 될 것이다. 인간은 여전히 자동화된 세상에서 중요한 역할을 할 수 있다.

이미 AI는 "정의" 또는 "인간성"이라고 부르는 개념을 제외한 모든 전문 영역에서 인간을 압도한다. AI에 의해 대체될 마지막 전문 영역이라고 하는 건축가나 예술가의 영역도 그다지 철옹성처럼 보이지는 않는다. 그러나 인간의 지적 개입은 여전히 중요하다. 아마존을 위시한 다국적 기업들이 인사 업무를 AI로 대체하면서 인사에 대한 불만이 현격히 줄었다고 한다. 우리가 일상에서 접하는 수준 이하의 정치나 공공 업무는 차라리 AI가 훨씬 나을 것 같은 생각이 든다. 세월호에 무책임하고 몰상식한 선장 대신에 차라리 로봇 선장이 있었더라면 그런 비극이 생기지 않았었을 수도 있다. 말레이 항공이나 에어 베를린 여객기 참사처럼 우울증을 앓는 조종사가 비행기를 고의로 추락시킨 사고의 경우, AI에 의한 인간의 견제가 필요했을 것이다. 반면 설리 기장이나 737 Max의 연쇄 추락에 종지부를 찍은 노련한 인간 조종사는 자동화의 함정을 피하는 데 인간의 지적인 개입이 얼마나 중요한지 보여준다.

허드슨강의 기적으로 알려진 US 에어웨이즈 항공기 불시착 사건을 다룬 영화 〈설리〉(2016)를 보자. 노련한 기장 설리는 이륙 직후 새 떼와 충돌하여 두 엔진을 모두 잃는 절체절명의 상황에서 허드슨강 위로 불시착을 감행, 승객과 승무원 전원이 무사히 구조되는 기적을 만든다. 사고 수습 후 조사과정에서 기장이 인근의 공항 활주로를 포기하고 강으로 뛰어든 것이 합리적인 판단이었는지에 대한 조사가 이뤄진다. 컴퓨터 시뮬레이터는 활주로가 올바른 선택이었다는 분석 결과를 내놓고, 설상가상 센서 데이터는 엔진 하나가 정상 작동 중이었다고 나타나 설리를 곤경에 빠트린다.

그러나 그러한 위기 상황에서 판단에 걸리는 몇 초의 시간을 고려한 새로운 시뮬레이션은 활주로를 선택했더라면 대형재난을 유발했을 것이라는 결과를 내놓는다. 또한 강에서 건진 엔진도 실제로 둘 다 고장난 상태였음을 보여준다. 자동화된 항법장치와 컴퓨터가 주도하는 상황에서 인간의 노련한 경험과 판단 그리고 결단력이 얼마나 중요한지, 무인 자동화 시대에 인간의 지혜로운 개입의 여지를 두는 것이 왜 중요한지를 보여주는 장면이다.

영화 〈I, Robot〉에서 스푸너 형사^{월 스미스 분}에겐 트라우마가 있다. 젊은 시절, 차창 너머로 눈인사를 나누던 이름 모를 소녀의 가족이 탄 자동차와 자신이 운전하던 자동차가 맞은편에서 오던 트럭과 충돌하면서 강물에 빠진 것이다. 마침 지나가던 로봇이 그들을 구조하기 위해 뛰어든다. 아이작 아시모프의 파운데이션 시리즈에서 그 유명한 로봇의 3원칙을 기억하시길 죽음을 눈앞에 둔 순간 스푸너는 로봇에게 소리친다.

"나 말고 저 소녀를 구조하라고!" 그러나 로봇의 전자두뇌는 스푸너의 구조 가능성을 45%, 소녀는 11%로 계산한다. 로봇은 절규하는 스푸너를 물 밖으로 건져내고 그는 강바닥으로 가라앉는 소녀와 비통하게 작별한다.

"아무리 그것이 수학적으로 옳은 판단이었다 할지라도 사람이었다면 내가 아닌 그 소녀를 구해야 했어!"

이 경험은 스푸너에겐 평생의 트라우마로 자리 잡는다. 우리는 인간이기에 이성적인 판단을 하지만 동시에 이성적이지 않은 판단을 한다. 불완전한 인간이라서가 아니라, 설혹 그 판단의 결과가 절망적이라도 인간이기에 무모하게 가슴을 따라야 하는 경우는 수없이 많다.

일본 혼다사의 휴머노이드, '아시모'는 어린이 관람객들에게 최고의 인기이다. 사람이 공을 차는 것은 너무나 자연스럽지만, 로봇이 공을 차게 만드는 것은 초고난도의 기술이다. 혼다 아시모는 사람처럼 공을 찰 수 있는 최고 수준의 휴머노이드 중의 하나이다. 혼다 전시장에서 어린이 단체 관람객들 앞에서 아시모가 공을 차서 골대에 공을 집어넣는 시연을 했는데 처음에는 반응이 미적지근했다고 한다. 사람들이 로봇의 관절, 벡터의 조합, 컴퓨터비전, 수천 개의 모터와 센서의 오케스트라를 알 리가 없다. '나도 차는데?!'

혼다 측은 다른 시나리오를 만들었다. 먼저 아시모가 공을 차면

Fig. 3 혼다 아시모. 기술은 감탄하기는 쉬워도 감동하긴 어렵다.
감동에는 스토리가 필요하다. 이미지 출처: Unsplash

삐끗하면서 공차기에 실패한다. 어이없어하는 어린이들에게 사회자
가 "자, 여러분! 아시모에게 응원을 보냅시다."라고 한다. 그러면 어
린이들이 "아시모, 아시모, 잘해라."라며 응원을 한다. 응원에 힘입은
듯 아시모는 멋지게 공을 골인시키고, 어린이들은 감격하며 환성을
지른다.

   기술은 감탄하기는 쉬워도 감동하긴 어렵다. 감동에는 스토리가
필요하다. 건축가는 인공지능이 지배하는 새로운 환경에서도 사람
들의 꿈을 들어주고 스토리를 만들 수 있다. 건축설계의 많은 부분이
AI에 의해 대체될 수 있지만 결국 의뢰인의 고충을 인간적으로 이해

하고 인간적인 결정을 내릴 수 있는 것은 인간 건축가이다. 설계 프로세스조차도 인간 건축가의 지적인 선도, 혹은 개입은 디자인 스페이스의 범위를 현격히 줄이면서 의미 있는 디자인으로 이끄는 동시에 컴퓨팅의 부하를 최소화해줄 수 있다. 건축을 넘어 타 분야의 제

잠시 샛길 19

〈킹스 스피치 King's Speech〉(2010)는 현 엘리자베스 2세 영국 여왕의 아버지인 조지 6세가 2차 세계대전 발발을 앞두고 풍전등화 같은 영국의 왕위를 계승하고 이어지는 스토리를 다룬 영화이다.

그전에는 조연급 액션배우로만 여겼던 콜린 퍼스의 연기도 압권이었지만 역시 최고의 클라이맥스는 영화의 말미, 그의 첫 번째 전시 연설 장면이었다. 이 장면에서 베토벤 교향곡 7번의 2악장은 그가 말더듬이 콤플렉스를 어렵게 극복하고 조마조마하면서 가슴 뭉클한 연설을 이어나가는 동안 비장하면서 초연하게 승리의 순간으로 한걸음 한걸음 나아가는 그 느낌을 기가 막히게 전달한다.

그러나 더욱 완벽한 환희는 연설을 마친 후 잔잔하게 흘러나오는 피아노 협주곡 5번의 2악장 Adagio un poco mosso 이다. 영광스럽거나 요란하지 않으면서, 우아하지만 인간적이면서 관조적인 승리의 순간을 그렇게 잘 표현할 수가 없다. 인생에서 그런 우아한 승리의 순간을 과연 몇 번이나 맛볼 수 있을까?

아라우 Arrau 나 켐프 Kempff, 브렌델 Brendel, 길레스 Gilels, 최근 그리모 Grimaud 의 녹음···. 모두가 훌륭하지만, 개인적으로는 짐머만 Zimerman 과 번스타인 Bernstein 이 지휘하는 빈 필하모닉의 연주 실황 판이 최고인 듯. 교향악단의 연주가 가장 개성 있게 잘 살아서 받쳐준다. 1악장에서 호온과 목관의 풍성한 화음은 역시 빈 필하모닉 특유의 뭔가가 있다.

베토벤, 피아노 콘체르토 5번 〈황제〉. 2악장.
Adagio un poco mosso. Krystian Zimerman, Leonard Bernstein /
Wiener Philharmoniker

품 디자인을 하는 건축가들은 건축설계로부터 숙성된 직관으로 해당 제품의 형상을 선도적으로 도출해내고 AI 시뮬레이션의 도움을 받아 그 형상의 정당성을 부여받고 디자인을 개선해간다. 하지만 의뢰인의 마음을 읽어 디자인 파라미터를 도출해낼 수 있는 것은 인간 건축가뿐이다. 왜냐하면 인간은 본성적으로 이성을 포기하고 차가운 이슬 속에 장미를 품기 때문이다.

이
미
지
출
처

들어가며

Fig. 2   By Jean-Christophe BENOIST - Own work, CC BY 2.5, https://commons.wikimedia.org/w/index.php?curid=2553662

Fig. 3   By Attributed to Daniele da Volterra - Metropolitan Museum of Art, online collection (The Met object ID 436771), Public Domain, https://commons.wikimedia.org/w/index.php?curid=93197995

Fig. 4   By Rafael - User: tetraktys (talk) 18:53, 7 August 2010 (UTC), Public Domain, https://commons.wikimedia.org/w/index.php?curid=11115060

Fig. 5   By Raphael - http://nevsepic.com.ua/art-i-risovanaya-grafika/2409-raffaello-sanzio-rafael-santi-37-rabot.html image, Public Domain, https://commons.wikimedia.org/w/index.php?curid=35440864

Chapter 1

Fig. 1   By Gustave Dore - http://pages.usherbrooke.ca/croisades/big_images/_images_en.htm, Public Domain, https://commons.wikimedia.org/w/index.php?curid=4645401

Fig. 2   By http://members.shaw.ca/flyingaces/archive1.htm now http://www.earlyaviator.com/archive/b/images/FokDr1_425_17.jpg, Public Domain, https://commons.wikimedia.org/w/index.php?curid=32905

Fig. 3   By Bundesarchiv, Bild 146-2006-0122 / Hoffmann, Heinrich / CC-BY-SA 3.0, CC BY-SA 3.0 de, https://commons.wikimedia.org/w/index.php?curid=5419987

Fig. 4   By D. Miller - https://www.flickr.com/photos/fun_flying/250148463/
          in/photostream/, CC BY 2.0, https://commons.wikimedia.org/w/
          index.php?curid=15932758

Fig. 7   By Naddsy - https://www.flickr.com/photos/83823904@
          N00/64156219/, CC BY 2.0, https://commons.wikimedia.org/w/
          index.php?curid=2997916

Fig. 10   By Marsupium - Own work, CC0, https://commons.wikimedia.
          org/w/index.php?curid=69932702

Chapter 2 ───

Fig. 1   By © International Center of Photography. © Robert Capa ©
          International Center of Photography
          https://www.magnumphotos.com/shop/collections/collectors-
          prints/the-falling-soldier-spain-september-1936/

Fig. 5   By Foundation Le Corbusier, Fair use, https://en.wikipedia.org/
          w/index.php?curid=51976094

Fig. 8   By Canaan - Own work, CC BY-SA 4.0, https://commons.wikimedia.
          org/w/index.php?curid=6964395

Fig. 9   By © Jorge Royan, CC BY-SA 3.0, https://commons.wikimedia.
          org/w/index.php?curid=23087663

Chapter 3 ───

Fig. 2   Illustrations from 'The Life of Michael Angelo' by Romain
          Rolland, translated by Frederic Lees. By Michelangelo - https://
          archive.org/details/lifeofmichaelang00roll (from JP2 files),
          Public Domain, https://commons.wikimedia.org/w/index.
          php?curid=15405887

Fig. 3   By Maksim Sokolov (maxergon.com) - Own work, CC BY-SA 4.0,
          https://commons.wikimedia.org/w/index.php?curid=80831064

Chapter 4 ───

Fig. 7   The 3rd & the 7th의 장면 중 캡처 이미지(https://youtu.be/AQ-
          3aRhvFwU)

Fig. 14   Shibuya scramble crossing at night. By Benh LIEU SONG (Flickr)
          - Shibuya Scramble Crossing, CC BY-SA 2.0, https://commons.
          wikimedia.org/w/index.php?curid=74257936

Chapter 5

Fig. 1 By Judson McCranie, CC BY-SA 3.0, https://commons.wikimedia. org/w/index.php?curid=81284520

Fig. 3 By MC2 Timothy Walter - http://www.defenseimagery.mil/ imageRetrieve.action?guid=a7e2a96296f5ff1cdf07c5638e3 a62d6c38fd63f&t=2, Public Domain, https://commons. wikimedia.org/w/index.php?curid=26093582

Fig. 6 Dymaxion car - By Starysatyr - Own work, CC BY-SA 3.0, https:// commons.wikimedia.org/w/index.php?curid=32840885, KASITA - By The omphalos - Own work, CC BY-SA 4.0, https://commons. wikimedia.org/w/index.php?curid=46820113

Fig. 10 By Unknown author - Copie de gravure ancienne, Public Domain, https://commons.wikimedia.org/w/index.php?curid=30135037

Fig. 15 By Wouter Hagens - Own work, CC BY-SA 3.0, https://commons. wikimedia.org/w/index.php?curid=4596780

Fig. 16 By Andy Mabbett - Own work, CC BY-SA 3.0, https://commons. wikimedia.org/w/index.php?curid=25066737

Chapter 6

Fig. 1 By Wojciech Kossak - National Museum in Krakow, Public Domain, https://commons.wikimedia.org/w/index.php?curid=98923779

Fig. 2 By Bundesarchiv, Bild 183-1987-1210-502 / Hoffmann, Heinrich / CC-BY-SA 3.0, CC BY-SA 3.0 de, https://commons.wikimedia.org/ w/index.php?curid=5424216

Fig. 3 By Riksantikvarieambetet / Pal-Nils Nilsson, CC-BY, CC BY 2.5 se, https://commons.wikimedia.org/w/index.php?curid=25161640

10   Schubert: Piano Sonata No. 17 in D Major, D. 850 - 2. Con moto, Wilhelm Kempff (https://youtu.be/qBbfTwntzgk)

11   Silvestrov: Bagatelles I-XIII - Bagatelle I, Hélène Grimaud (https://youtu.be/Vdn1gzvXPvk)

12   Liszt: Consolation No 3, Beatrice Berrut (https://youtu.be/i49c_sSMxY8)

13   Beethoven: Piano Concerto No. 4 in G Major, Op. 58: I. Allegro moderato · Martin Helmchen piano, Andrew Manze conducts Deutsches Symphonie-Orchester Berlin (https://youtu.be/sIS-J_uyHmA)

14   Ravel: Le Tombeau de Couperin, M. 68: V. Menuet, Bertrand Chamayou (https://youtu.be/KnV3qacbt0U)

15   J.S. Bach: Concerto in D Minor, BWV 1060: II. Adagio, Giuliano Carmignola, Mario Brunello, Riccardo Doni, Accademia dell'Annunciata (https://youtu.be/-aGOV-3HU0Q)

16   Chopin: Piano Concerto No.1 in E minor, Op.11 - 2. Romance (Larghetto), Krystian Zimerman, Polish Festival Orchestra (https://youtu.be/V0gwZxnpYNU)

17   Schubert: Var. 38 for Anton Diabelli's Waltz, Rudolf Buchbinder (https://youtu.be/m8RUCaeSMdM)

18   Beethoven: Piano Sonata No.32 in C minor, Op.111 - 2. Arietta (Adagio molto semplice e cantabile), Sviatoslav Richter (https://youtu.be/TpXfao8h7rl)

19   Beethoven: Piano Concerto No. 5 in E-Flat Major, Op. 73 "Emperor" - 2. Adagio un poco mosso (Live) · Krystian Zimerman piano, Leonard Bernstein conducts Wiener Philharmoniker (https://youtu.be/nxj2-Qotfll)

인공지능 시대의 건축

초판인쇄	2021년 12월 16일
초판발행	2021년 12월 23일
초판 2쇄	2022년 2월 25일
지 은 이	김성아
펴 낸 이	김성배
펴 낸 곳	도서출판 씨아이알
책임편집	박승애, 최장미
디 자 인	윤현경
제작책임	김문갑
등록번호	제2-3285호
등 록 일	2001년 3월 19일
주 소	(04626) 서울특별시 중구 필동로8길 43(예장동 1-151)
전화번호	02-2275-8603(대표)
팩스번호	02-2265-9394
홈페이지	www.circom.co.kr
I S B N	979-11-6856-008-6 (93540)
정 가	15,000원